摄影人专用

相片编修极意

非美工Photoshop

施威铭研究室 著

中国摄影出版社

序

进入数码图像时代后，摄影人对相片有了至高的主宰权，通过图像处理软件，就能对相片进行各种管理与调整操作。然而市面上的编修书籍，常常将重点放在强调速成与简单上，对于选项设定则不加探究，以致于读者学了半天还是一知半解，换上自己的相片就修不好！

本书以摄影人的角度，采取最入门、最按部就班的学习方式，详尽清楚地解说Photoshop 相片处理工具的原理、观念与编修操作流程，让您能客观评价自己的相片，再进行适度的编修，确保其维持最佳的图像品质。

在内容的安排上，我们会带您从相片的管理开始做起：重命名、评选相片、建立内容关键字……可帮助您日后有效率地找出想要的相片。接着带您熟悉 Photoshop 的基本操作，再正式进入编修阶段，甚至分享、输出和印刷相片的实践流程。

为了保持相片的原汁原味，具有最大的编修弹性，越来越多的摄影人会选择 RAW 格式拍摄，因此我们也单独开辟专篇介绍实用 RAW 格式文件编修技巧，让注重相片品质的摄影人能调整出最理想的画面。此外，碍于天气、人为或设备等种种因素，拍出来的相片常有未臻完美的遗憾，我们也特地在本书的最后一篇中，教您几项巧用 Photoshop 的绝活，让相片更亮眼且更具特色！

本书绝对是摄影人学编修的必备工具！

施盛铭研究室

关于光盘

为了让您达到事半功倍的学习效果，我们将各章节所示范的相片练习文件与编修完成文件收录在光盘中，建议您将随书附赠光盘中的练习文件与完成文件复制一份到电脑硬盘中，以方便操作。将随书附赠光盘放入光驱后，会出现如下的光盘菜单，按一下画面中的选项即可开启书中的练习与完成文件。

本书各篇的练习文件及完成文件分别存储在 PART1～PART5 文件夹中，练习文件的命名方式为"章号＋单元号＋流水号"，完成文件则是"章号＋单元号＋流水号＋A"。例如，第 3 章第 13 单元的第 1 个练习文件为 313-01.jpg，所对应的完成文件便是 313-01A.jpg 或 313-01A.psd，依此类推。比较特别的是第 1 章，它是以所有文件夹来做练习的，所以没有独立的练习及完成文件。

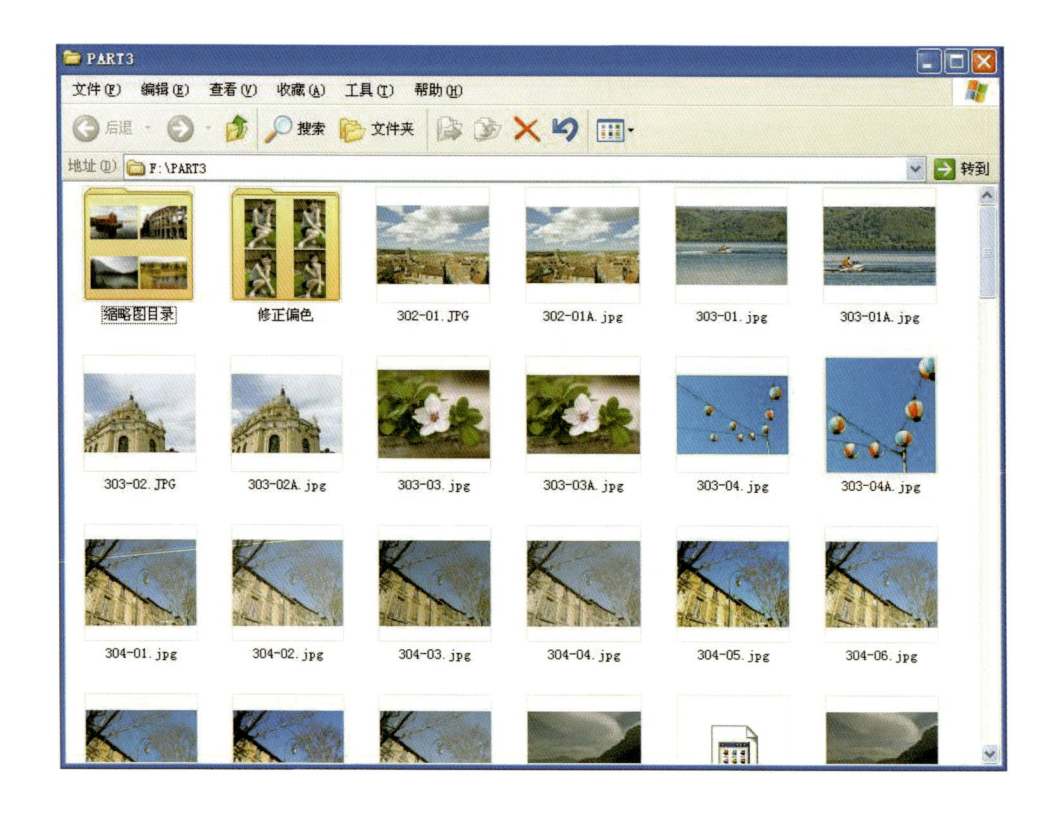

著作权声明

　　本著作含随书附赠光盘内容 (不含 GPL 软件)，仅授权合法持有本书的读者 (包含个人与法人) 非商业用途使用，切勿放在网络上播放或供人下载。除此之外，未经授权不得将其全部或部分内容以任何形式复制、转载、散布或以其他任何形式、基于任何目的加以利用。

目录

PART 1 相片处理的第一步

1 用 Bridge 整理拍摄的相片 ······ 2
    1-1 切换文件夹、浏览与打开相片 ······ 3
    1-2 为常用的文件夹建立快捷方式 ······ 4
    1-3 改变缩略图大小及查看模式 ······ 5
    1-4 查看相片局部细节的技巧 ······ 6
    1-5 利用旋转功能将竖幅相片旋转 ······ 7
    1-6 删除不需要的相片 ······ 8
    1-7 将多张相片设成编组 ······ 9
    1-8 为相片加星级、标签与关键字，以利于搜索与挑选 ······ 10
    1-9 快速挑选目标照片——活用排序、筛选与搜索技巧 ······ 13
    1-10 总结：用 Bridge 整理与管理相片的流程 ······ 17

2 快速为整批相片重命名 ······ 18

PART 2 Photoshop 入门基础操作

1 Photoshop 工作环境与配置 ······ 20
    1-1 工作环境介绍 ······ 20
    1-2 选取工具与设定工具属性 ······ 21
    1-3 打开、收起与关闭面板 ······ 22

2 打开与存储相片 ······ 24
    2-1 在 Photoshop 中打开相片 ······ 24
    2-2 直接存储相片与另存为一张相片 ······ 26
    2-3 编修及存储相片的重要观念 ······ 27

3 查看相片与排列多张相片 ······ 30
    3-1 缩放相片的显示比例 ······ 30
    3-2 排列与对比多张相片 ······ 33
    3-3 同时查看相片的全貌与局部细节 ······ 36

V

PART 3　从编修到印刷交件

- 1 本章流程说明 ··· 38
  - 1-1　前言 ··· 38
  - 1-2　相片编修至印刷交件的流程图 ································· 39
- 2 修正歪斜的相片 ·· 40
- 3 裁切相片 ··· 42
  - 3-1　维持原比例进行二次构图裁切 ·································· 42
  - 3-2　将相片裁切成指定的尺寸 ·· 43
  - 3-3　依固定比例裁切相片 ·· 46
  - 3-4　任意裁切相片 ··· 46
- 4 学会看直方图 ··· 48
  - 4-1　认识直方图 ··· 48
  - 4-2　利用直方图检查相片的曝光状态 ······························· 54
  - 4-3　利用直方图检查渐变色的平滑度 ······························· 58
  - 4-4　查看不同通道的直方图 ··· 59
- 5 色阶调整实践 ··· 61
  - 5-1　色阶调整的基本练习 ·· 61
  - 5-2　色阶调整的原理 ·· 64
  - 5-3　直方图产生间隙的原因 ··· 66
  - 5-4　利用转换图像模式的技巧来抑制色阶断裂 ·················· 66
  - 5-5　避免发生亮部或暗部溢出的技巧 ······························· 69
  - 5-6　利用灰色三角形滑块改变中间调的亮度 ····················· 70
- 6 将色阶控制在适合印刷及二次编修的范围内 ····················· 72
  - 6-1　保留适度的亮部与暗部色阶 ····································· 73
  - 6-2　利用"输出色阶"将色阶控制在印刷设备的输出范围内 ······ 74
  - 6-3　使用"取样吸管"将色阶控制在印刷设备的输出范围内 ······ 75
  - 6-4　使用"自动颜色校正选项"对话框将色阶控制在印刷设备的输出范围内 ··· 79

7 使用曲线调整相片的亮度 ······ 81
- 7-1 曲线功能初体验 ······ 81
- 7-2 曲线调整功能的原理 ······ 83
- 7-3 认识 S 形曲线与倒 S 形曲线 ······ 85
- 7-4 更直观化的曲线编辑技巧 ······ 86

8 曲线调整实践 ······ 89
- 8-1 以软/硬色调的曲线营造柔和或强烈的相片风格 ······ 89
- 8-2 利用 S 形与倒 S 形曲线增、减相片的对比度 ······ 92
- 8-3 利用曲线重现相片暗部和亮部的色调 ······ 93
- 8-4 利用曲线强调相片中的特定色彩 ······ 97

9 修正相片的偏色问题 ······ 99
- 9-1 利用"曲线"功能修正偏色 ······ 99
- 9-2 利用"色彩平衡"功能修正偏色 ······ 101
- 9-3 修正中间调色彩来消除偏色 ······ 104
- 9-4 同时修正偏色及明暗对比问题的技巧 ······ 107
- 9-5 快速修正其他有相同偏色问题的相片 ······ 110

10 利用"色相/饱和度"功能调整颜色 ······ 115
- 10-1 增加整张相片的饱和度 ······ 116
- 10-2 改变整张相片的颜色 ······ 118
- 10-3 调整特定颜色的色相与饱和度 ······ 118
- 10-4 利用"着色"功能制作单一色调的相片 ······ 121

11 运用调整图层提高编修的弹性 ······ 123
- 11-1 调整图层的使用方法 ······ 123
- 11-2 重叠多个调整图层来修正不同的相片问题 ······ 128
- 11-3 利用蒙版改变调整图层的作用范围 ······ 129

12 锐化调整 ······ 135
- 12-1 Photoshop 的锐化功能 ······ 135
- 12-2 USM 锐化 ······ 137
- 12-3 智能锐化 ······ 141

12-4 锐化调整的原则 ································· 144

13 依用途调整相片的大小与分辨率 ················ 146
13-1 了解"像素大小"、"文档大小"和"分辨率"的关系 ··· 146
13-2 利用"重定图像像素"功能调整相片的像素大小 ······ 148
13-3 调整相片的文档大小与分辨率以符合输出需求 ······· 152

14 印制缩略图目录 ································· 154
14-1 套用预设范本以产生缩略图目录 ················· 154
14-2 细部编排缩略图目录的版面 ····················· 157
14-3 存储与打印缩略图目录 ························· 160

15 制作 PDF 幻灯片来展示相片 ···················· 162

16 用显示器校样修正无法印刷的色彩 ················ 170
16-1 印刷色差的成因与显示器校样的流程 ············· 170
16-2 使用"校样颜色"功能检查印刷色 ··············· 171
16-3 利用"色域警告"功能找出无法印刷的色彩 ········ 175

17 印制检色用范本以比对印刷色 ···················· 177
17-1 适合打印打样的打印机和纸材 ··················· 177
17-2 打印打样的基本设定 ··························· 178
17-3 指定校样用的色彩配置文件 ····················· 180
17-4 后续的印刷打样流程 ··························· 181

18 相片交件的实用操作流程 ························ 182
18-1 交件用相片的必备条件 ························· 182
18-2 将相片存储为交件用的文件格式 ················· 183
18-3 将交件用的相片刻录到光盘中 ··················· 186

PART 4 RAW 文件编修技巧

1 RAW 文件与其编修工具：Camera Raw 增效模组 ···· 188
1-1 RAW 格式的好处 ······························· 188
1-2 使用 Camera Raw 增效模组和
    Photoshop 在编修上的差异 ······················· 189

2 Camera Raw 增效模组的基本操作 ……………………………… 191
3 修改 RAW 文件的属性设定 …………………………………… 193
4 调整白平衡 ……………………………………………………… 196
5 调整明暗对比 …………………………………………………… 200
    5-1 调整基本的明暗对比 …………………………………… 200
    5-2 利用曲线调整明暗对比 ………………………………… 204
6 调整色相与饱和度 ……………………………………………… 205
    6-1 调整整张相片的饱和度 ………………………………… 205
    6-2 调整特定色彩范围的色相与饱和度 …………………… 206
7 调整锐化程度及降低噪点 ……………………………………… 210
    7-1 调整锐化程度 …………………………………………… 210
    7-2 降低噪点 ………………………………………………… 213
8 修正紫边(红边)与四边暗角问题 ……………………………… 214
    8-1 修正色差 ………………………………………………… 214
    8-2 修正晕影 ………………………………………………… 215
9 针对相片的局部范围进行调整 ………………………………… 216
    9-1 用"调整画笔"做局部编修 …………………………… 216
    9-2 用"渐变滤镜"做渐进式调整 ………………………… 219
10 存储 RAW 格式编修成果 ……………………………………… 220
11 将调整设定套用到有相同问题的多张相片上 ………………… 223
    11-1 将调整设定存储为预设 ………………………………… 223
    11-2 将多张相片的设定同步化 ……………………………… 224

PART 5 让相片更出色的秘招

1 分别调整暗部与亮部，改善对比过强的问题 ………………… 228
2 套用照片滤镜功能，模拟镜头滤镜效果 ……………………… 231
3 利用色彩平衡功能调出美丽的色调 …………………………… 233
4 以"变化"调整色彩改变相片的氛围 ………………………… 236

5 用匹配颜色功能来套用其他相片的色调 ·················· 239
6 用减淡/加深工具和海绵工具让相片更抢眼 ················ 243
 6-1 使用减淡/加深工具调整相片局部范围的明暗 ············ 243
 6-2 用"海绵工具"改变相片中部分色彩的饱和度 ············ 246
7 消除瑕疵或多余的内容 ································· 247
 7-1 使用"污点修复画笔工具"修除污点 ·················· 247
 7-2 使用"修复画笔工具"修整涂抹范围 ·················· 249
 7-3 使用"修补工具"修补圈选范围 ······················ 250
8 使用滤镜营造不同的氛围 ······························ 252
 8-1 套用模糊滤镜制作浅景深效果 ························ 252
 8-2 套用"凸出"滤镜变化背景强调主体 ·················· 254
 8-3 套用多个滤镜将相片转换成艺术画作 ·················· 257
9 修正透视变形的相片 ·································· 262
10 局部换色强调视觉焦点 ······························· 265

附录 色彩管理与屏幕校色

1 认识色彩管理 ·· 270
2 使用屏幕校色器替屏幕校色 ···························· 272
 2-1 屏幕环境的调整 ···································· 272
 2-2 校色前的准备工作 ·································· 273
 2-3 安装校色软件并准备校色器 ·························· 273
 2-4 进行屏幕校色 ······································ 274
 2-5 色彩配置文件的存放位置 ···························· 277
3 Photoshop 的色彩管理功能 ···························· 278
 3-1 使用内置的色彩管理设定 ···························· 279
 3-2 设置工作空间 ······································ 280

PART [1]

相片处理的第一步

　　摄影后的首要工作，就是将相片复制到电脑硬盘中。接着大多数人会开始浏览相片，顶多是删掉不要的相片，完全没有管理相片的习惯。当相片渐渐大量累积之后，想要找到一张相片就像大海捞针一样，只能逐一打开可能的文件夹找找看！如果您以前从来不管理相片，那么建议您赶快学习本篇介绍的相片管理软件——**Bridge**。从现在起，每次拍照回来，马上利用 Bridge 区分相片等级、加上拍摄主题关键字及重新命名成有意义的名称等，日后要寻找特定的相片时，就会非常容易了。

用 Bridge 整理拍摄的相片
快速为整批相片重命名

1 用 Bridge 整理拍摄的相片

Bridge 是 Photoshop 随附的软件，会跟着 Photoshop 自动安装完成，它包含了很完整的相片浏览与管理功能。例如，在 Windows 文件夹窗口中无法预览的 RAW 文件，在 **Bridge** 中就可以看到内容，同时也会列出拍摄的相关信息 (如光圈、快门和ISO等)。此外，它还能有效帮助您整理好拍摄的相片，以后想寻找自己标注为 5 星级的作品或所有花卉类、建筑类等相片时，都能立即搜索出来。

现在就请按下 Windows 的**开始**键，执行"**程序/Adobe Bridge CS4**"命令来启动 **Bridge** 吧！

从 Photoshop 中启动 Bridge 的技巧

您若已经打开了 Photoshop，只要按下功能表上的**启动 Bridge** 键 或执行"**文件/在 Bridge 中浏览**"命令，即可启动 Bridge 浏览与管理相片。

Bridge 窗口大致可以分成 3 个部分，位于中间的**内容**面板主要是浏览相片的区域，另外还包括**收藏夹、文件夹、滤镜、预览、元数据**与**关键字**面板等，以及各种功能按键，以下将陆续说明各种实用的操作技巧，帮助您快速熟悉 Bridge。

> **TIP** Bridge 的工作区可自由变换调整，如果您看到的界面与前页不同，可执行"**窗口/工作区/重置标准工作区**"命令，将工作区恢复为预设状态。

1-1 切换文件夹、浏览与打开相片

在 Bridge 中，我们可以通过**文件夹**面板切换与浏览文件夹。文件夹中若还包含文件夹，在文件夹图标的左方就会出现三角箭头图标，双击文件夹图标或双击三角箭头图标即可展开文件夹。请将随书附赠光盘中 **PART1\照片**文件夹复制到电脑桌面上，然后就试着浏览其中包含的文件吧！

1 点击一下此标签，切换成**文件夹**面板。

2 点击**桌面**前面的三角箭头，展开其中包含的文件夹。

3 点击**照片**文件夹，即可在**内容**面板中看到该文件夹中的所有相片。

您只要点选**内容**面板中的缩略图，便可进一步在**内容**面板右侧的**预览**面板及**元数据**面板查看大图及其详细资料，包括文件格式、拍摄日期、文件大小、分辨率和EXIF (exchangeable image file) 信息等。

3

内容面板会显示目前选取文件夹中的所有文件。

预览面板会显示选取文件的大缩略图。

点选任一缩略图，**元数据**面板就会显示文件的详细信息。

在**内容**面板中双击相片的缩略图，即可在 **Photoshop** 中打开相片进行处理；若双击的是 RAW 格式的相片，则会打开 **Camera Raw** 增效模组来进行编修 (参考 PART 4 内容)。

1-2 为常用的文件夹建立快捷方式

当相片文件夹的数量或层级越来越多时，需要花费较多的时间才能切换到欲浏览的文件夹。您可将常用的文件夹新增到**收藏夹**面板中，也就是建立快速通往文件夹的捷径，以后只要通过**收藏夹**面板，就可以快速切换到欲浏览的文件夹看相片了！

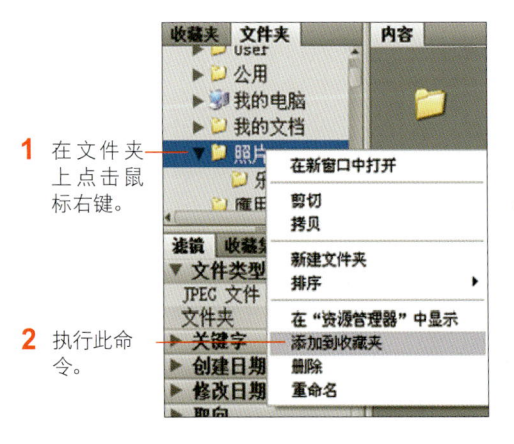

1 在文件夹上点击鼠标右键。

2 执行此命令。

3 点击此标签切换到**收藏夹**面板。

新增的文件夹捷径，点一下即可在**内容**面板显示文件夹中的所有文件。

TIP 若想要删除文件夹的快捷方式，只要在**收藏夹**面板中欲删除的文件夹上点击鼠标右键，执行"**从收藏夹中移去**"命令即可。

1-3 改变缩略图大小及查看模式

内容面板中的缩略图尺寸是可以自由调整的,如果觉得缩略图尺寸太大或太小,可拖拽 Bridge 视窗下方的**缩略图滑块**来调整。

向右拖拽可放大缩略图,反之则可缩小缩略图。

另外,**内容**面板还提供了多种相片的**查看模式**,预设为**缩略图形式**。若需要同时查看多张相片的详细信息,可利用 Bridge 视窗右下角的按钮,切换成**以详细信息形式查看内容**或**以列表形式查看内容**。

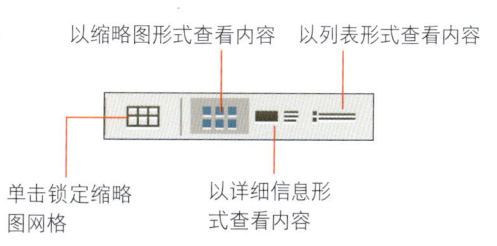

以缩略图形式查看内容　　以列表形式查看内容
单击锁定缩略图网格　　以详细信息形式查看内容

以详细信息形式查看内容　　　　以列表形式查看内容

1-4 查看相片局部细节的技巧

在**内容**面板中选取某张相片后，**预览**面板会显示该相片，而当您在**预览**面板的缩略图上点击一下，便可打开**放大镜**来查看局部的细节。

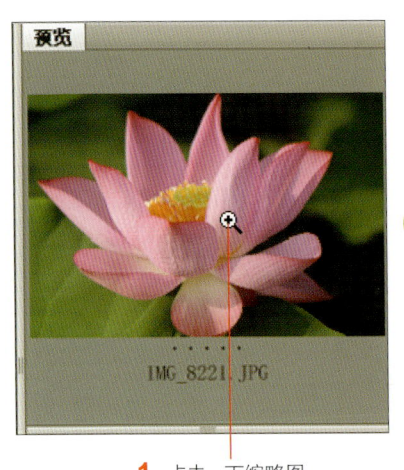

2 出现放大镜，点击 + / − 键可调整放大镜内的图片比例，按住鼠标左键拖拽，可移动放大镜，点一下放大镜则可关闭。

1 点击一下缩略图。

拖拽窗格边框加大**预览**面板，其中的缩略图便会跟着放大。

若觉得**预览**面板范围不够大，您可先在**内容**面板中选取欲查看的相片 (按住 Ctrl 键 (Windows) / ⌘ 键 (Mac) 或 Shift 键可选取许多张相片)，再按下 Ctrl + B 键 (Windows) / ⌘ + B 键 (Mac) 进入**审阅模式**。**审阅模式**会将所有相片以环状方式排列在显示器上，在当前的相片上点一下，一样会出现**放大镜**让您检查看局部细节。

在任一相片上点击一下，可直接切换到该相片。

按此2键或方向键，可依序切换相片。

按此键或向下拖拽相片，可将相片从**审阅模式**中移除 (相片仍保留在原文件夹中)。

按此键或 Esc 键可退出**审阅模式**。

▲ 若在**内容**面板只选取一张相片 (或没有选取任何相片)，会将相片所在文件夹中的所有相片都载入**审阅模式**。

如果想要以全屏来查看每张相片，可在**内容**面板中选取相片后，点击 Space 键进入**全屏幕预览**模式。

目前为 100% 的查看比例

按 2 次 + 键

变成 400% 的查看比例

全屏幕预览模式，点击 ← 与 → 方向键可依序切换相片，按 Esc 键则可退出。

按住左键拖拽可改变查看范围，在相片上点击一下则可恢复 100% 的查看比例。

1-5 利用旋转功能将竖幅相片旋转

在拍摄比较高耸的建筑物或想让人看起来更高挑时，我们通常会将相机直立起来拍摄，这些竖幅的相片在电脑中查看时是横放的，在查看或编修时实在不方便。此时，可以利用旋转功能将这些竖幅的相片转正，以利于后续的编修步骤。

要旋转相片时，您可在**内容**面板选取一张或多张相片后，按下**逆时针旋转 90 度**键 ⟲ 或**顺时针旋转 90 度**键 ⟳ 来调整。

2 点击此键顺时针旋转 90 度。

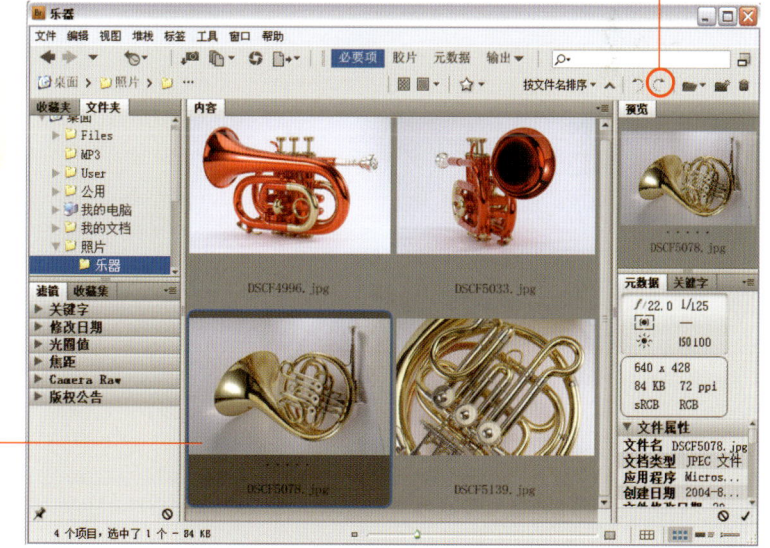

1 选取欲旋转的相片（本例为**照片\乐器\DSCF5078.jpg**）。

1-6 删除不需要的相片

拍坏的相片，您可以在选取后，按下**删除项目** 🗑 或 `Ctrl` + `Delete` 键 (Windows)/ ⌘ + `delete` 键 (Mac) 删除。

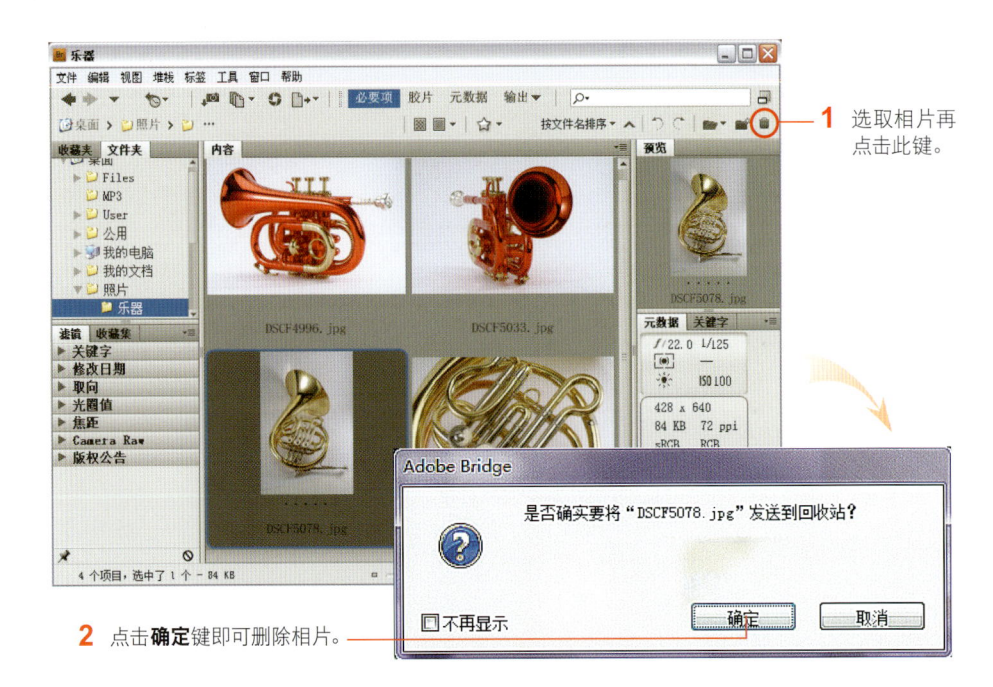

1 选取相片再点击此键。

2 点击**确定**键即可删除相片。

> **TIP** 您也可直接按下 `Delete` 键来删除相片，不过在删除前会先弹出对话框，询问您要**拒绝**、**取消**还是**删除**。点击**拒绝**键的作用类似替相片加上标记，事后可选择要显示或隐藏被标记为**拒绝**的相片，而非真的删除。

1-7 将多张相片设成编组

相片经过初步淘汰之后，建议对相片进行分类整理工作。例如，您可以将相关的多张相片，如取景相似的相片、预备用来接图的连续相片、曝光包围连拍的相片……设成一个组 (就好像把几张扑克牌叠在一起)，既让**内容**面板看起来更井然有序，在选取操作上也会更方便。

在**内容**面板中选取欲归组的相片，然后执行"**堆栈/归组为堆栈**"命令 (或按下 Ctrl + G 键 (Windows) / ⌘ + G 键 (Mac))，即可将它们堆成一组。

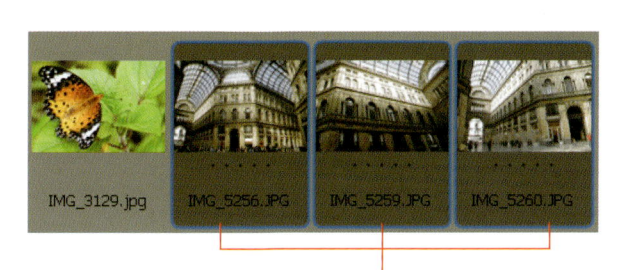

1 按下 Ctrl 键 (Windows) / ⌘ 键 (Mac) 或 Shift 键选取欲列入组的多张相片。

2 执行"**堆栈/归组为堆栈**"命令。

此数字代表堆栈的相片数量，按下即可展开/收合堆栈。

若要取消堆栈，请先选取堆栈中的相片，然后执行"**堆栈/取消堆栈组**"命令。若只想将其中的部分相片移出组，请先展开堆栈中的相片，再选取欲移出的相片，并执行"**堆栈/取消堆栈组**"命令。

1 点击数字展开堆栈。

2 选取欲移出的相片。

3 执行"**堆栈/取消堆栈组**"命令。

选取的相片被移出组外了

1-8 为相片加星级、标签与关键字，以利于搜索与挑选

在 **Bridge** 中，我们可以替相片附加一些额外的信息。例如，为相片加上星级、贴上颜色标签做注记和加上关键字等，除了可协助文件分类排序之外，更可提升筛选和搜索相片的效率。

加上星级作为评选基准

您可以根据喜爱及满意程度为拍摄的相片加上星级，好作为日后挑选的标准。在**内容**面板中选取相片后，按下**标签**菜单即可为相片加上 1～5 颗星的分级星。

利用这几个命令即可加上星级

标记为 5 颗星

除了利用**标签**菜单外，也可直接在**内容**面板为相片加上星级。

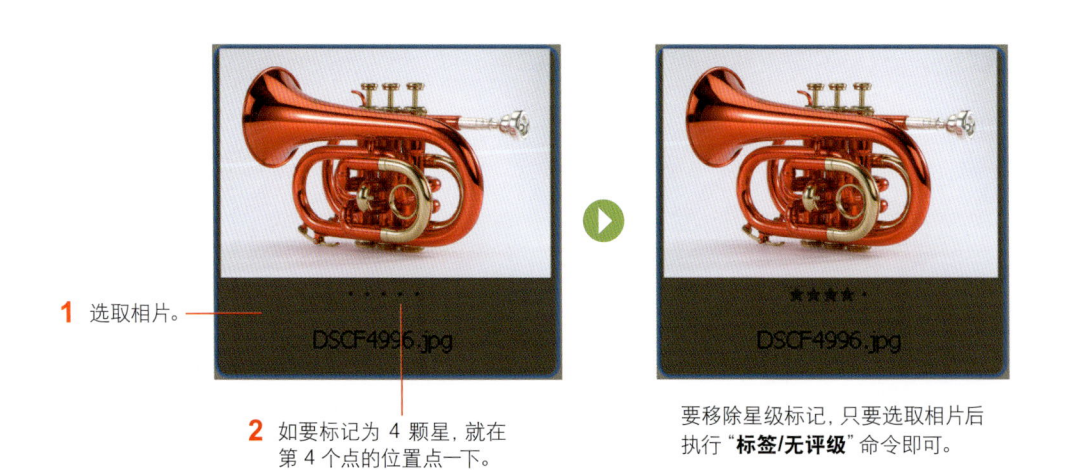

1 选取相片。

2 如要标记为 4 颗星，就在第 4 个点的位置点一下。

要移除星级标记，只要选取相片后执行"**标签/无评级**"命令即可。

加上标签记号方便筛选处理

标签功能就像在相片上做记号,对于要处理大量相片的人而言,可以说是一项很方便的利器。下拉**标签**菜单,您会看见有 5 种标签可供选择。例如,您可以将需要编修的相片加上**待办事宜**标签,日后便可从大量的相片中快速找到它们。

每个标签都对应一种颜色

- 选择 Ctrl+6 — 红色标签
- 第二 Ctrl+7 — 黄色标签
- 已批准 Ctrl+8 — 绿色标签
- 审阅 Ctrl+9 — 蓝色标签
- 待办事宜 — 紫色标签

滤镜面板会出现**标签**类别,并显示标签颜色对应的名称与张数。

贴上标签了;若要移除标签,只要选取相片后执行"**标签/无标签**"命令即可。

标签名称并非是固定的,您可执行"**编辑/首选项**"命令,切换到**标签**项目,自行根据需求直接修改栏目中的文字,即可改变标签的名称。

加上关键字以提升搜索相片的效率

在大量相片中要寻找某张相片,就像大海捞针一样费时费力。想有效节省寻找相片的时间,我们可以根据相片的内容来建立适当的**关键字**,以后就可以通过**关键字**来寻找或筛选相片。请点击 Bridge 右下窗格的**关键字**标签切换到**关键字**面板,下面将说明如何建立与套用关键字。

1 **新建关键字:**例如,我们打算建立**蝴蝶**、**蜜蜂**和**甲虫**等子关键字,便可将它们归类在**昆虫**关键字组合中。

2 输入关键字后点击 Enter 键 (Windows) / return 键(Mac)。

1 点击**新建关键字**键。

2 **新建立子关键字:**建立**昆虫**关键字组合下的子关键字——**蝴蝶**。

TIP 要修改关键字,可在关键字上点击鼠标右键,执行"**重命名**"命令;若要移除则执行"**删除**"命令(或点击**关键字**面板右下角的 🗑 键)。

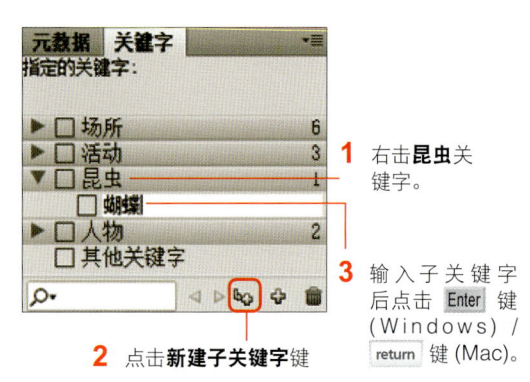

1 右击**昆虫**关键字。

3 输入子关键字后点击 Enter 键 (Windows) / return 键 (Mac)。

2 点击**新建子关键字**键

3 **套用关键字:**现在为**照片**文件夹中的 4 张蝴蝶相片加上**昆虫**和**蝴蝶**关键字。

1 选取欲加上关键字的相片。　　2 勾选**昆虫**和**蝴蝶**关键字。

1-9 快速挑选目标相片 —— 活用排序、筛选与搜索技巧

为相片加上星级、标签和关键字，不外乎是为了能够更快地找到想要的相片。请先将随书附赠光盘中 **PART1\照片分级** 文件夹复制到电脑桌面上，然后在 **Bridge** 中切换到该文件夹，下面将利用此文件夹来练习如何排序、筛选与搜索相片。

根据目的变更相片的排序方式

Bridge 预设是以文件类型来递增排序，假设想找出近期拍摄的相片，可如下变更排序方式，让相片按由新到旧排列。

1 点击**按文件名排序**键(会显示日前排序的条件)。

按此键可切换**升序** ▲ /**降序** ▼ 排序。

2 选择排序方式，如**按创建日期**。

相片重新排序，拍摄日期越近的排得越靠前。

您可以自己试一试**按评级**排列出从 5 颗星到 1 颗星的相片，也可以**按标签**排列出做过记号的相片。

筛选相片的技巧

想要在**内容**面板中只显示符合某些条件的相片，其余的相片则暂时隐藏起来，可利用筛选功能达到目的。例如，只想查看标有5颗星的相片，可进行如下操作。

1 点击此键可依照星级或标签筛选相片。

2 选择筛选条件，如**显示 5 星的项**。

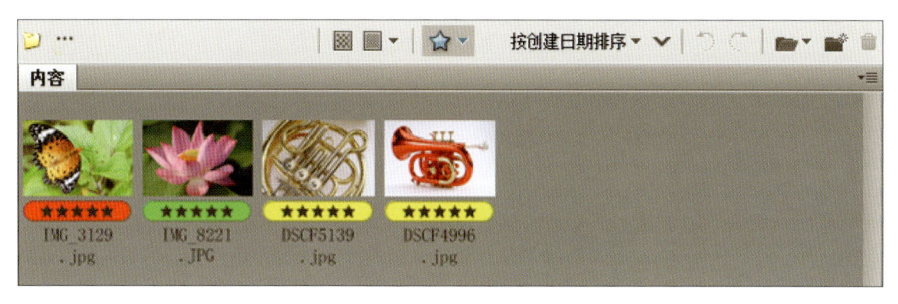

只显示五星级的相片。

若进一步搭配**滤镜**面板，还可指定更多的条件。例如，除了标有五颗星之外，还希望相片包含"花"这个关键字，则可在**滤镜**面板中进行如下设定。

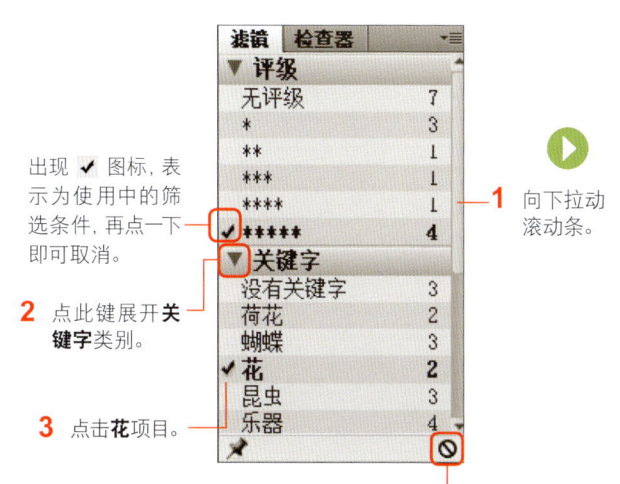

出现 ✓ 图标，表示为使用中的筛选条件，再点一下即可取消。

2 点此键展开**关键字**类别。

3 点击**花**项目。

1 向下拉动滚动条。

内容面板只显示标有五颗星和包含"花"关键字的相片。

点此键可清除筛选条件，让所有相片重新显示出来。

自行设定条件来搜索相片

除了利用上述方法来排序或筛选相片之外，您还可以执行**"编辑/查找"**命令 (或按下 Ctrl + F 键 [Windows] / ⌘ + F 键 [Mac]) 打开**查找**对话框，从中设定条件来搜索相片。

15

1 下拉选择查找范围

3 下拉选择条件成立的方式

5 利用此 2 键增/减查找条件

2 下拉选择条件类别

4 会根据所选择的条件类别产生相对应的选项

6 下拉选择查找条件必须完全符合或仅符合其中一项

7 点击**查找**键

此处会显示查找条件

点击此键可中止查找

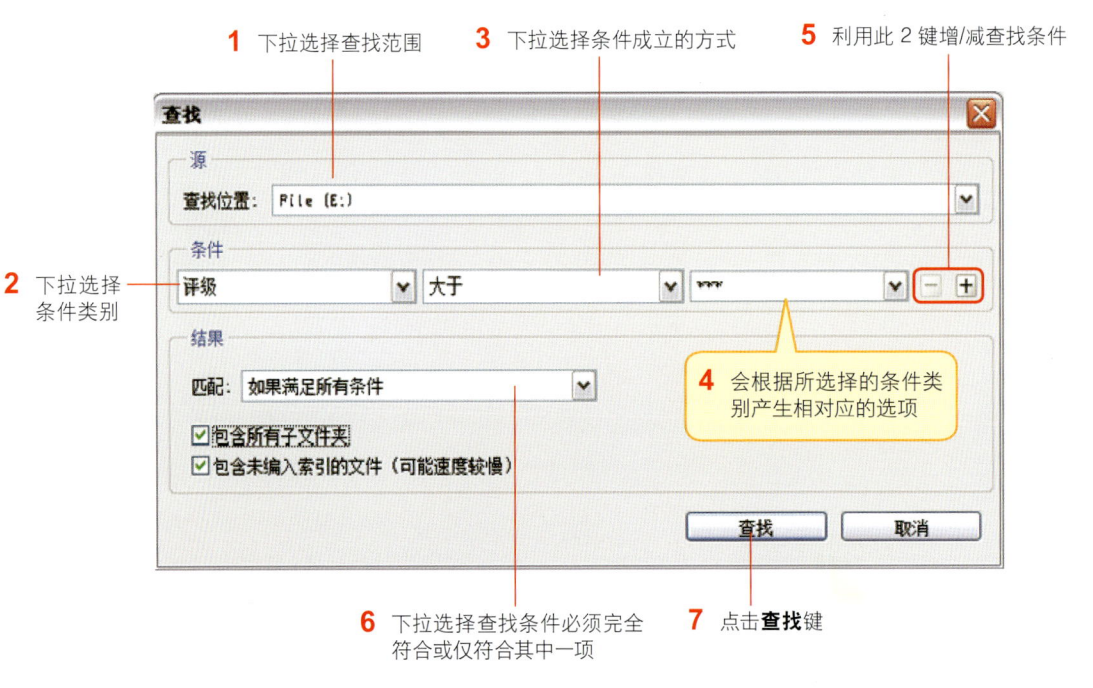

此图标表示正在查找

符合条件的相片会显示在**内容**面板中

1-10 总结：用 Bridge 整理与管理相片的流程

相信当您学到上一节结束时，已经可以深深感受到使用 Bridge 管理相片的好处了。当然还需要您的实际行动，才能让 Bridge 发挥真正的效益！在本章最后我们做个总结，将使用 Bridge 整理及管理相片的流程总结如下，供您参考。

1 切换至欲查看的相片文件夹，若有需要转正的相片，可利用 ⟲ 及 ⟳ 键旋转；不需要的相片可按 🗑 键删除。

2 利用"**堆栈/归组为堆栈**"命令将相关的相片堆栈成组，让**内容**面板看起来更井然有序，在选取操作时也会更方便。

3 为相片分星级、贴上颜色标签做标记和加上关键字等，除了可协助文件分类与排序之外，还可以提升筛选与查找相片的效率。

4 需要进入 **Photoshop** 编修的相片，只要双击缩略图便会自动在 **Photoshop** 中打开；若双击的是 RAW 格式的相片，则会打开 **Camera Raw** 增效模组。

2 快速为整批相片重命名

一般数码相机预设是以"相机品牌或型号再加上流水号"来作为文件名，如 DSCF8719 或 IMG_7112，这类名称对我们来说并没有意义，建议根据相片内容重命名。在 Bridge 中，选取相片后点击文件名即可重命名，但若有大量的相片需要更名时，逐一修改就太耗时了。为了让过程更有效率，这里将介绍如何利用 Bridge 的**批重命名**功能，快速变更多张相片的文件名称。

为了在没有缩略图的情况下查看相片时，也能很快地辨别出相片的内容，我们通常会根据拍摄时间、地点及主题为相片重命名。例如，20100101_泰山_日出，不仅好辨识，也有助于相片的搜索与挑选。请选取**照片**文件夹中的 3 张建筑物相片，然后执行"**工具/批重命名**"命令，下面就试着更名为"日期+地点+内容+编号"。

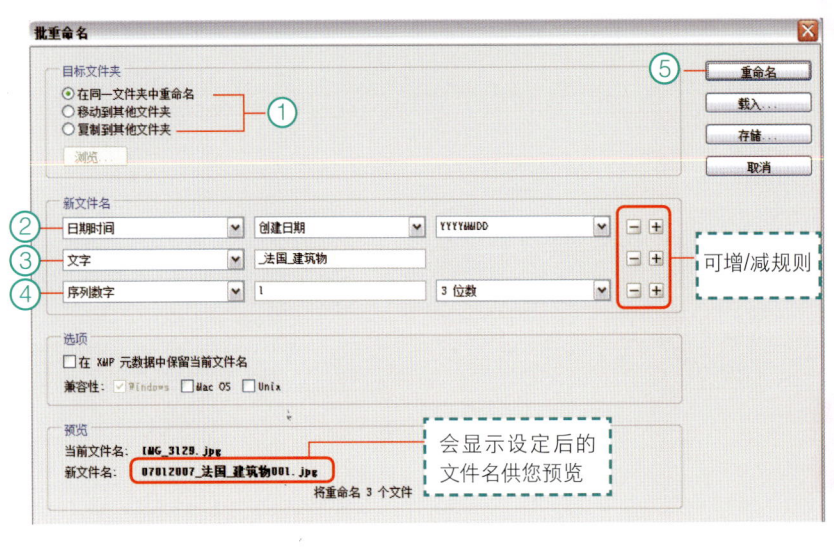

① 选择更名后文件的存储位置

② 首先是日期，因此下拉选择**日期时间**，再于后方栏中选择**创建日期**，即可自动撷取相片拍摄的时间；格式如要"年月日"，则选择 **YYYYMMDD**。

③ 自行输入地点和内容，因此下拉选择**文字**，再于后方栏中输入文字。

④ 加上流水编号，因此下拉选择**序列数字**，再于后方栏中输入编号起始数，并选择位数。

⑤ 点击**重命名**键完成更名。

以此例来说，您如果还有其他命名为"日期_东京_建筑物"或"日期_纽约_建筑物"之类的相片，就可以利用前面学到的**查找**功能，以文件名找出所有拍过的建筑物相片。

PART 2
Photoshop 入门基础操作

初次打开 Photoshop，你可能会因为一长排的功能表、为数众多的面板和工具按键等操作界面而感到不知所措，即使打开了相片，也不知道从何下手。在这种不熟悉的情况下，别说调好相片了，可能会在不知不觉中执行了破坏相片品质的操作。

有鉴于此，我们要在这次编修之旅开始前，为您做一个简单的说明，让您对即将到访的 Photoshop 有个概念性的认识，还要提醒您编修与储存文件的重要观念，让之后的学习能在观念正确且操作顺畅的情况下进行。

Photoshop 工作环境与配置
打开与存储相片
查看相片与排列多张相片

1 Photoshop 工作环境与配置

想使用 Photoshop 编修相片，想必您的电脑中已经安装了 Photoshop。这一章我们先带您认识 Photoshop 的工作环境，再熟悉一下功能表、工具按键及面板的基本操作。在这里提醒您，本书是以 Photoshop CS4 来介绍工作环境与编修操作的，如果您的电脑中尚未安装 Photoshop或想升级至 Photoshop CS4，可至 Adobe 网站下载 Photoshop CS4 的 30 天试用版来体验一下。

1-1 工作环境介绍

首先带各位认识 Photoshop 工作环境里的基本元素，熟悉它们的外观与功能。现在就请各位在桌面点击**开始**键，再选择其中的"**程序/Adobe Photoshop CS4**"命令启动 Photoshop，展开这次探索之旅。

为了让您的操作界面与本书所示范的一致，启动 Photoshop 后请点击视窗右上方的**基本功能**按键 (若目前选取的是其他工作区配置，则会显示其他名称，但位置仍在视窗右上角、**缩小**键 的左侧)，点击菜单中的**基本功能**项目，将工作环境回复到如下图的预设状态。

> **TIP** 点击**基本功能**按键所打开的菜单，会列出 Photoshop 提供的各种工作区配置，您可以视工作目的来选择其中的项目，如要制作网页可以选择"**Web**"项目。默认的工作区配置是**基本功能**，本书也将以此为例来进行说明。

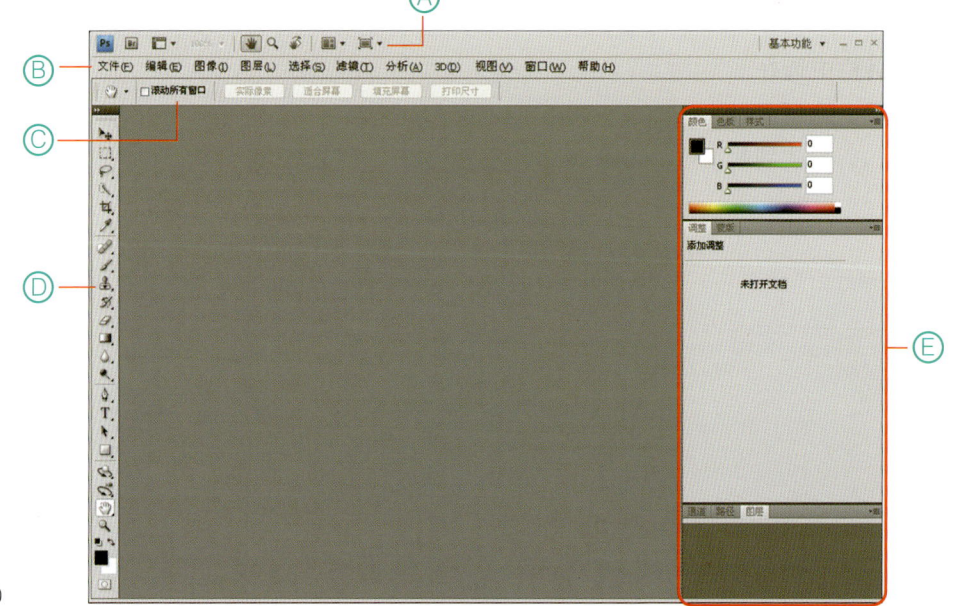

- (A) **应用程序**栏: 存放查看相片与更换工作区配置的功能按键。
- (B) **菜单栏**: 集合了 Photoshop 的所有命令。以后我们将以 "执行**AAA/BBB命令**" 的方式来描述选取此处的命令。例如，要请您点击**文件**菜单下的**打开**项目，我们会以 "执行**文件/打开命令**" 来叙述。
- (C) **选项**栏: 依**工具**面板中选取的工具来显示相关的选项设定，以调整工具的特性。
- (D) **工具**栏: Photoshop 各项编修和选取等工具的汇集场所。
- (E) **面板与面板组**: Photoshop 将一些重要功能做成面板，如**图层**面板和**色板**面板，这些面板可协助您修改或查看相片。

看到这么多的命令、工具按键和面板等，您可能会觉得 Photoshop 不易学习，不好掌握。先别担心，日后遇到要选取工具按键或要在面板中设定时，我们会进一步说明该如何选取与使用，并详细说明该功能的作用。

1-2 选取工具与设定工具属性

要使用窗口左侧**工具**栏中的工具时，只要用鼠标点一下工具按键即可；如果工具按键的右下角带有箭头符号 (如 ![]），表示里面有隐藏的工具菜单，在这样的工具按键上按住鼠标左键不放 (或按鼠标右键)，就可以展开工具菜单来选择隐藏的工具。

按住工具按键可展开工具菜单

在**工具**栏中选好工具，**选项**栏会自动显示该工具的设定项目。例如，点击**矩形选框工具** 后，**选项**面板便会显示**矩形选框工具**的设定选项。我们应先在**选项**栏中做好工具的设定，然后才到相片上选取或编辑。初学者往往选好工具后就立即到相片上埋头苦干，而忘了先设定**选项**栏，这可不是好习惯!

这里会显示目前选取的工具

矩形选框工具的**选项**面板

1-3 打开、收起与关闭面板

前面我们已经介绍了**工具**与**选项**面板，其实 Photoshop 还提供了多达 20 几种的功能面板，但桌面的空间实在有限，想像一下若将所有的面板都在 Photoshop 工作窗口中打开，会是怎样混乱的场面？岂不是要上演相片与面板争空间的戏码！因此我们要学习打开、收起与关闭面板的操作，学习在有限的空间中灵活运用面板，以提高工作效率。

收起右侧的面板区

Photoshop 窗口的右侧是放置面板的地方，我们称之为**面板区**。想要立即拥有清爽的工作环境，最迅速的方法就是点击面板区右上角的 ▶▶ 键，将整个面板区收起成按键状态，稍后要使用面板时，只要点击按键名称即可展开该面板。

面板区展开的状态 　　　　　　　　　面板已收合成按键

如果希望还有更大的编辑空间，可将光标移至面板区左侧的边界上，待光标呈 ⟷ 状时向右拖拽，将面板收起至只剩下图标的状态，使用时只要将光标停留在按键上，就会显示面板名称供您辨识。

收合成图标的面板

打开/关闭面板

当您想要使用某个面板却在桌面上找不到时(包括**工具**和**选项**栏),您可以到"**窗口**"功能表中将它打开;反之,若桌面上有些面板暂时用不着,可将它们关闭以免占用空间。

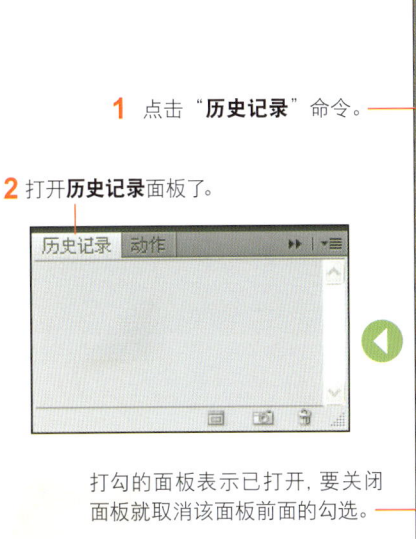

1 点击"**历史记录**"命令。

2 打开**历史记录**面板了。

打勾的面板表示已打开,要关闭面板就取消该面板前面的勾选。

有些面板设有快捷键,可直接点击快捷键来开/关面板。

由于 Photoshop 预设会将某些面板合成一组,只要打开群组中的任一面板,整个群组就会一起显示,因此打开**历史记录**面板时,会将同一组的**动作**面板也一并打开。

要关闭面板,除了在"**窗口**"功能表中点击一下面板名称,将面板前面的勾选取消之外,还可以在面板组的标签或标签列上点击右键,执行"**关闭**"命令(仅关闭该面板)或"**关闭选项卡组**"命令(关闭整个面板群组)来关闭面板。

在标签或标签列上点击右键皆可

经过了一连串的调整配置、打开/关闭面板的操作,如果环境已经变得很凌乱,可随时点击窗口右上角的**基本功能**键,执行"**基本功能**"命令来恢复预设的工作环境。日后当您越来越熟悉 Photoshop 的工作环境时,就能调配出最适合自己的工作区配置,即使关闭了 Photoshop,下次再打开时,仍会保持上一次结束时的工作环境。

2 打开与存储相片

要编修相片,第一步就是要打开相片,而编修之后,当然要将相片存储起来。不过,您知道要选择什么文件格式,才能确保相片拥有最多的信息,编修后品质不会大量流失呢?别担心!我们已将这些编修与存储的重要观念整理在本章的最后,日后拍照和存储相片时就不怕选错文件格式了。

2-1 在 Photoshop 中打开相片

我们先要将待处理的相片在 Photoshop 中打开,才能运用 Photoshop 的功能来编修及调整。

以"打开"命令打开相片

要在 Photoshop 中打开相片,最常使用的方法就是执行**"文件/打开"**命令,执行命令后会出现**打开**对话框,让我们选取要打开的相片。

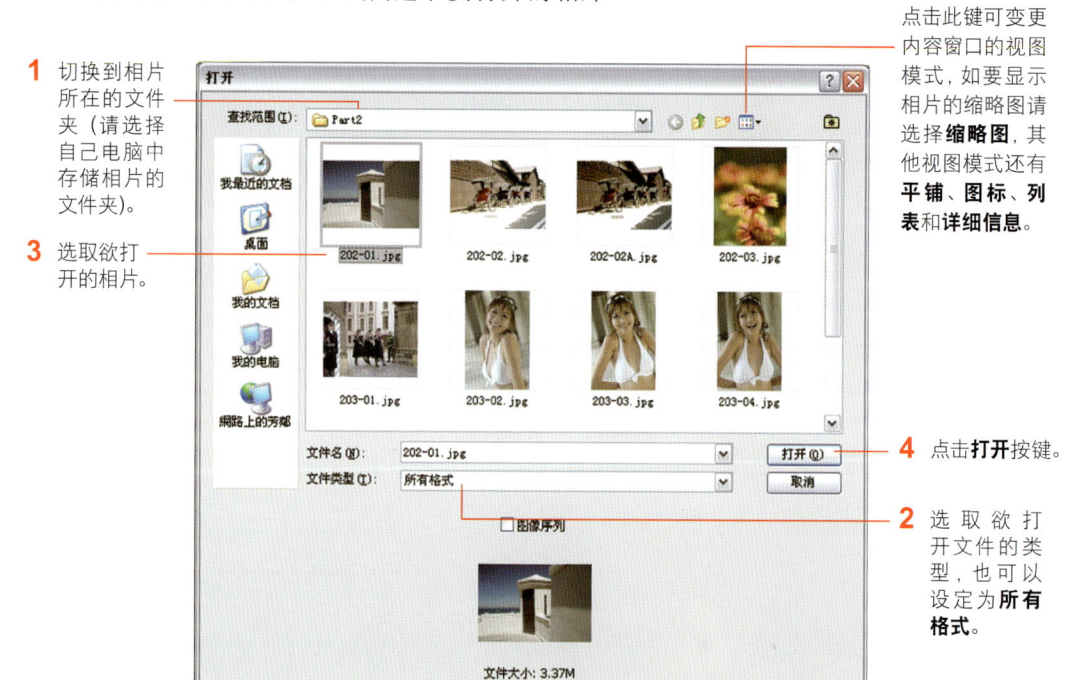

1 切换到相片所在的文件夹(请选择自己电脑中存储相片的文件夹)。

3 选取欲打开的相片。

点击此键可变更内容窗口的视图模式,如要显示相片的缩略图请选择**缩略图**,其他视图模式还有**平铺**、**图标**、**列表**和**详细信息**。

4 点击**打开**按键。

2 选取欲打开文件的类型,也可以设定为**所有格式**。

> **TIP** 如果目前没有可练习打开的相片,您可以练习打开随书附赠光盘中 PART2 文件夹下的 202-01.jpg。

打开相片后，Photoshop 窗口中会出现该相片的文件窗口，并显示该相片的基本信息。

- 视图比例
- 相片的色彩模式与位深
- 相片文件名
- 文件窗口
- 文件信息区，预设会显示相片的尺寸
- 点一下可直接更改显示比例

初探"色彩模式"与"位深"

色彩模式是指以数值化方式描述光与色彩的方法，常见的色彩模式有 RGB、CMYK 和 HSB 等模式，依目的不同，适合使用的色彩模式也不同。例如，在电视和电脑中使用的相片，适合使用 RGB 模式；用于印刷等输出时，适合使用 CMYK 模式。

位深 (bit depth) 又称为**像素深度**或**色彩深度**，它是指相片中每个像素用来记录亮度和色彩所使用的"位数"。位深越高，表示使用的位数越多，每个像素所能表现的色彩也越多，相片的色彩就会越自然。

打开最近打开过的相片

有时候才刚将相片修好并存储关闭，但一时之间却想不起来存到哪里去了，此时可执行 **"文件/最近打开文件"** 命令，到打开的清单中找找看。这份清单会列出最近曾经打开过的相片 (预设为 10 个)，点选清单中的文件名称即可打开相片。

点击文件名称即可打开

- 打开为智能对象...
- 最近打开文件(T)
  1. 202-01.jpg
  2. 2-7-1.tif
  3. RUn_202-02.tif
  4. 202-02A.jpg
  5. 2-6-1.tif
  6. RUn_202-A01.tif
  7. 2-5-3.tif
  8. RUn_201-13.tif
  9. 2-5-2.tif
  10. RUN_201-AA3.tif

  清除最近

执行这个命令会清除清单中的内容

2-2 直接存储相片与另存为一张相片

每当编修告一段落或处理完毕时，我们都要进行"保存"的动作，不只是为了将之前辛苦的成果保存下来，也是要将编修完成的相片存成适当的格式，以供各种用途的应用。例如，用于网页上时要存成 JPEG、GIF 或 PNG 格式，用于排版印刷时则要存成 TIFF、EPS 和 PDF 格式等。

存储相片时可执行**"文件/存储"**命令或**"文件/存储为"**命令，前者是直接以文件原来的名称、位置及格式来存储，因此会将原文件覆盖；后者则会打开如下的**存储为**对话框，让您设定存储的位置、名称及文件格式等再保存。

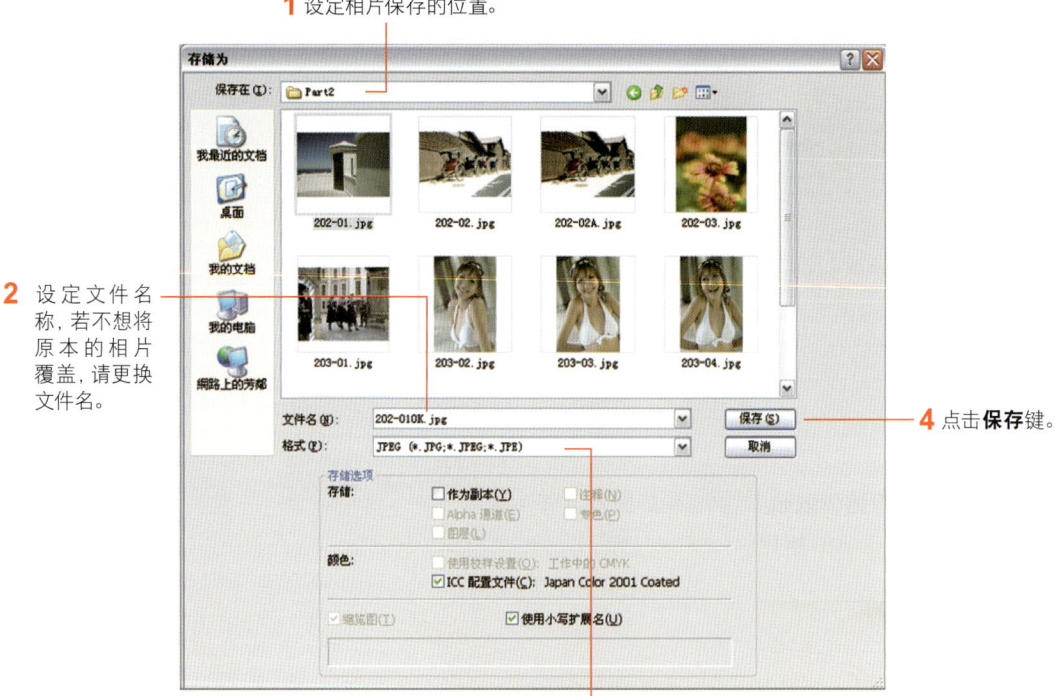

1 设定相片保存的位置。

2 设定文件名称，若不想将原本的相片覆盖，请更换文件名。

3 选择存储的文件格式，并可在下方设定相关的存储选项。

4 点击**保存**键。

点击**保存**键之后，有时还要设定文件格式特有的属性。例如，存储 JPEG 格式要设定压缩的品质，存储 TIFF 格式则要设定文件的压缩方式等，待这些属性都设定好之后再进行存储。

设定文件的品质,品质越高则文件越大。

有 3 种压缩方式,一般选择**基线("标准")** 即可。

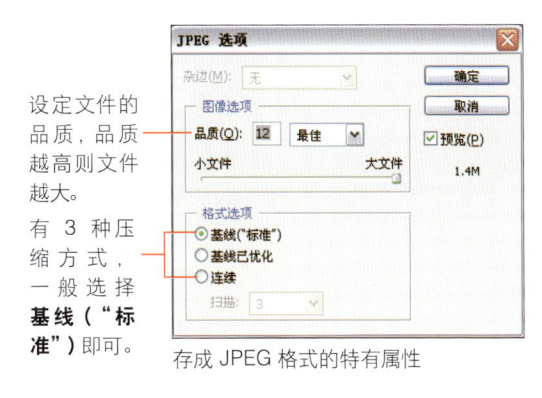

存成 JPEG 格式的特有属性

存成 TIFF 格式的特有属性

2-3 编修及存储相片的重要观念

在正式动手编修相片之前,我们要先和各位分享几个重要的观念,掌握了这些观念可让相片编修成功的几率大幅提升。

重要观念 1:相片修复的程度取决于 "细节"

或许有人以为编修相片可以修复相片的所有问题,实际上并非如此。我们必须先了解一个观念,那就是相片修复的程度取决于拍摄时所记录的细节,细节越多,编修的效果就越好;反之细节越少或根本没有将被摄物的细节记录下来,那么再厉害的软件也很难 "无中生有",变出您想要的相片。因此,若希望编修出好相片,记住:来源相片的品质不能太差!

原始相片因为测光位置不正确,导致前方的路面过曝,细节没有被记录下来,即使后期将相片调暗,路面的纹路仍无法显现出来。

重要观念 2：妥善保存原始相片

我们一定要知道，不论当初相片拍得好坏，原本相片所保存的细节永远是最多且最完整的，编修虽然能让相片看起来更好，但实际上则是破坏细节、降低品质的行为！所以，千万不要将编修后的相片保存在原来的文件夹中，覆盖了原始相片，因为这样的话，下次可编修的细节就更少了。

至于保存原始相片的方法，我们可以在编修之前，先复制一份原始相片，放在另一个文件夹中保存；也可将编修后的相片另存成不同名称或存在不同的文件夹中。

重要观念 3：选择适当的文件格式

文件格式是指相片的存储方式，这关系着相片的品质与应用的平台。下面我们分成"拍摄阶段"与"编修阶段"两方面说明如何选择文件格式。

🕐 拍摄阶段的文件格式

现在的数码相机主要提供两种文件格式：JPEG 与 RAW 格式。JPEG 因为大部分的相片软件皆支持且压缩率高，所以具备**方便**和**文件小**两项优点。但 JPEG 采取破坏性的压缩方式，加上事先经过相机内部的补偿处理，相片品质可能不如预期理想。

数码相机的 RAW 格式，是直接将感光元件所抓取的相片不加处理地存储，其优点是能保存相片的原汁原味。但因为格式特殊，一般相片软件多不支持，处理上比较不方便，加上 RAW 格式采取不失真的压缩方式，文件大小是 JPEG 的好几倍。

```
202-03.jpg                    2.0 · ISO 100
• • • • •                     焦距：50.0 厘米
制作日期：2007/8/... 下午 01:45:46   2448×3264 @ 314 ppi
修改日期：2007/8/... 下午 01:45:48   色彩描述文件：s...61966-2.1
1.17 MB                       描述：OLYMP...AL CAMERA
文件类型：JPEG 文件
```

```
202-04.orf                    2.0 · ISO 100
• • • • •                     焦距：50.0 厘米
制作日期：2007/8/... 下午 01:45:46   2448×3264
修改日期：2007/8/... 下午 01:45:46   色彩描述文件：未标记
13.47 MB                      描述：OLYMP...AL CAMERA
文件类型：相机原始信息图像
```

在相机中设定拍摄时分别存储 JPEG 与 RAW 格式，结果 RAW 格式的文件大小几乎是 JPEG 的 10 倍。

因为相片的细节越多，编修的效果就越好，所以站在编修的角度而言，若您的相机提供 RAW 格式，那拍摄时就选择 RAW 格式来存储吧，但应记得事先准备好足够大的存储卡。

> **TIP** Photoshop 提供了 **Camera Raw 增效模组**供使用者编修 RAW 格式，本书将在第 4 篇为您做详细介绍。

🌸 编修阶段的文件格式

编修相片时，我们应该选择何种文件格式来保存呢？一般可能会先想到 JPEG，因为 JPEG 不仅软件支持度高，应用范围也很广泛，可是 JPEG 并不适合用于编修阶段。因为在编修相片时，常常多次保存，但 JPEG 是采取破坏性的压缩方式，每保存一次便压缩一次，相片细节就在多次存储的过程中大量流失掉了。

因此我们建议将编修中的相片存成 TIFF 或相片软件的原始文件格式，如采用 Photoshop 进行编修，便可存成 PSD 文件。TIFF 格式的优点是软件支持度高，而且采取不失真的压缩方式，可在完整保存相片信息的情况下降低文件的大小 (虽然和 JPEG 相比还是大很多)。存成原始文件格式的优点是可以保存软件加在相片上的选项设定，日后在软件中重新打开文件还可以修改这些设定，缺点是文件通常都很大。

若相片已编修完成，我们仍建议先存成 TIFF 或原始文件格式，以防日后有修改的需要，之后再依照用途另存成适当的格式。例如，要应用于网页上，就另存成 JPEG 格式。

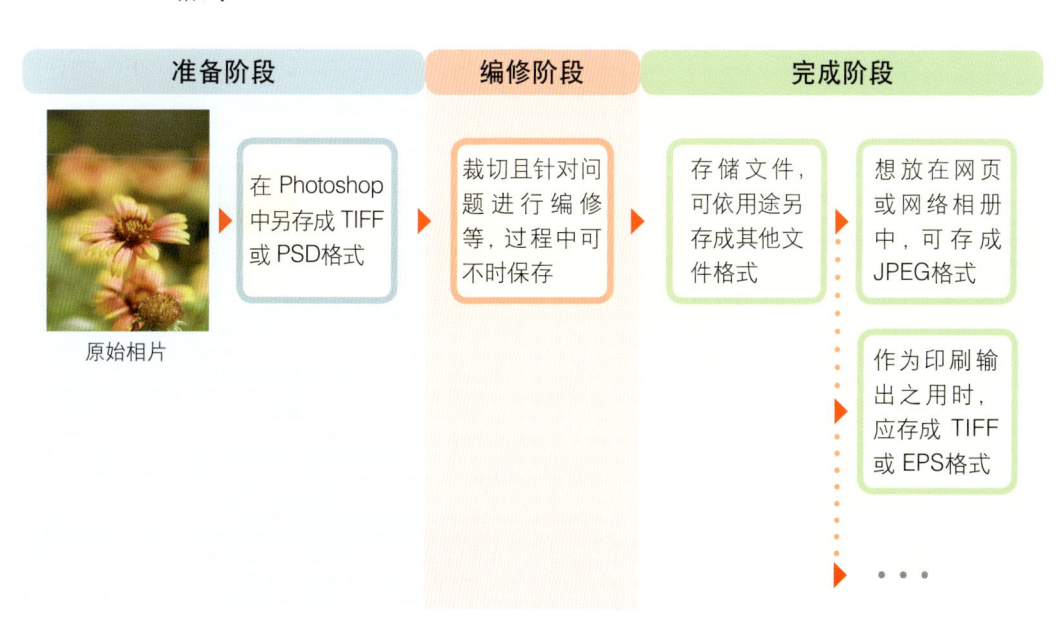

准备阶段	编修阶段	完成阶段	
原始相片	在 Photoshop 中另存成 TIFF 或 PSD格式	裁切且针对问题进行编修等，过程中可不时保存	存储文件，可依用途另存成其他文件格式
			想放在网页或网络相册中，可存成 JPEG格式
			作为印刷输出之用时，应存成 TIFF 或 EPS格式

3 查看相片与排列多张相片

在编修相片的过程中,缩放相片的缩略图比例是必经的过程,随时要放大以查看细节或缩小以观看相片的调整结果。这一章我们要学习缩放相片的技巧及同时查看、排列多张相片的相关操作,当您要比对多张类似的相片时,就不用反复切换工作窗口了。

3-1 缩放相片的显示比例

编修相片之前,我们应该先好好查看相片,了解问题的所在,然后再开始处理操作。我们先来谈谈用 Photoshop 查看相片的技巧,一起学习如何将相片拉近做细部检查或推远观看全貌。

用"缩放工具"放大和缩小相片

调整显示比例就是放大或缩小观看相片,这里要提醒您,缩放显示比例改变的是相片在桌面上的显示效果,而并非改变相片真正的尺寸。

要缩放显示比例,最直观的方法就是在**工具**栏选择**缩放工具** ,在**选项**栏设定好工具的属性后,再到相片上点击以放大或缩小显示比例。

1 请打开 203-01.jpg 进行如下练习。首先在**工具**栏中选择**缩放工具** ,然后在**选项**栏中设定属性。

- 放大显示
- 缩小显示
- 缩放时,文件窗口的尺寸也会跟着调整,在文件以浮动文件窗口呈现时才有作用。
- 同步缩放目前打开的文件窗口
- 点击这些按键可立即调整到特定比例

> **TIP** 打开相片时,预设会拼贴在文件窗口中,若将文件名称向下拖拽至窗口文件列的范围之外,文件窗口将会独立成浮动文件窗口。

> **2** 将鼠标移至相片上点击一下，相片就会依选择的模式放大或缩小，每点一下会缩放一些。

🔍 放大
▶
🔍 缩小
◀

TIP 使用**缩放工具**放大或缩小相片时，可直接按住 Alt (Windows) / option (Mac) 键切换工具的放大或缩小模式。

除了**缩放工具**之外，Photoshop 还提供了许多调整视图比例的方法与技巧，以下为您介绍几种常用且方便的操作方法。

使用"视图"命令缩放相片

执行**"视图"**功能表中适合的命令，亦可放大或缩小视图比例。

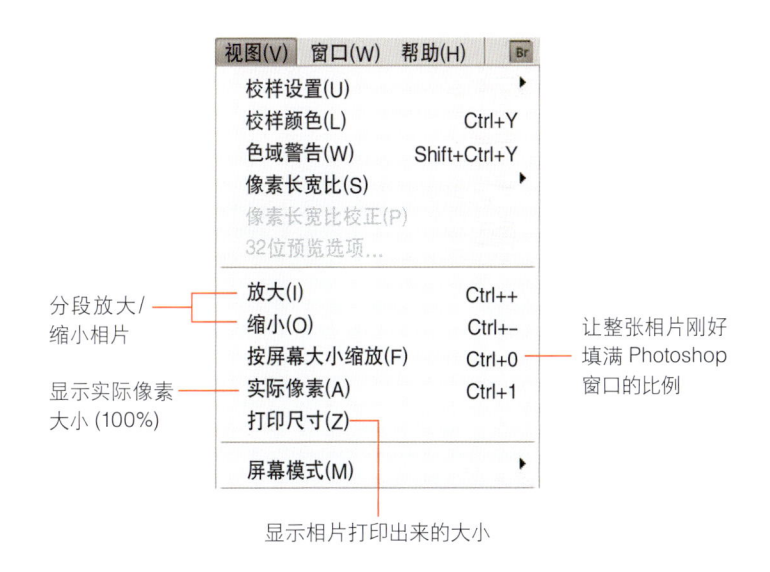

| 视图(V) | 窗口(W) | 帮助(H) | Br |

校样设置(U) ▶
校样颜色(L)　　Ctrl+Y
色域警告(W)　　Shift+Ctrl+Y
像素长宽比(S)　▶
像素长宽比校正(P)
32位预览选项...

分段放大/缩小相片 ── 放大(I)　　Ctrl++
　　　　　　　　　 缩小(O)　　Ctrl+-
　　　　　　　　　 按屏幕大小缩放(F)　Ctrl+0 ── 让整张相片刚好填满 Photoshop 窗口的比例
显示实际像素大小 (100%) ── 实际像素(A)　Ctrl+1
　　　　　　　　　 打印尺寸(Z) ── 显示相片打印出来的大小

屏幕模式(M) ▶

查看相片与排列多张相片 **3**

在显示比例区指定相片的视图比例

若想要快速指定显示比例，可在文件窗口**状态栏**左侧的显示比例区或**应用程序列**的**缩放显示层级**栏中输入比例值。例如，直接将相片调至 600%，这个方法最快。

可拉下**缩放显示层级**菜单选择比例或直接在栏中输入比例。

放大的位置

在此输入显示的比例

常用的视图比例快捷键

由于查看和编修相片时，经常要放大或缩小显示比例，您可以从上述几种方式中选择自己最顺手的方式来操作，也可以熟记下表所列的快捷键，以迅速切换显示比例。

功能说明	使用 Windows 系统	使用 Mac 系统
缩放显示比例	Alt + 鼠标滚轮	option + 鼠标滚轮
放大显示比例	Ctrl + +	⌘ + +
缩小显示比例	Ctrl + −	⌘ + −
显示全屏	1 Ctrl + 0 2 双击**工具栏**的 🖐 键	1 ⌘ + 0 2 双击**工具栏**的 🖐 键
实际像素 100%	1 Ctrl + Alt + 0 2 双击**工具栏**的 🔍 键	1 ⌘ + option + 0 2 双击**工具栏**的 🔍 键

3-2 排列与对比多张相片

自从相机从传统胶片走向数码技术之后，拍摄时大家就不再吝啬按下快门了，镜头拉近拍一张、推远拍一张，竖的一张、横的再来一张。但整理相片时，就需要反反复复打开类似的相片来比对，才能从中选出最满意的作品。其实我们可以利用 Photoshop 排列文件的技巧，同时查看多张相片，省去麻烦地重复拖拽与切换窗口等动作。

排列多张相片

当您同时打开多张相片时，Photoshop 预设会将它们 "拼贴" 在一个文件窗口中，此时一次只能查看一张相片，若要查看下方的相片，必须点选文件标签切换到最上层才能看到，对比类似的相片时，这样的排列方式实在不太方便。若您需要将多张相片同时并列在桌面上，可利用**应用程序**列的**排列文档**键 来改变相片的排列方式。

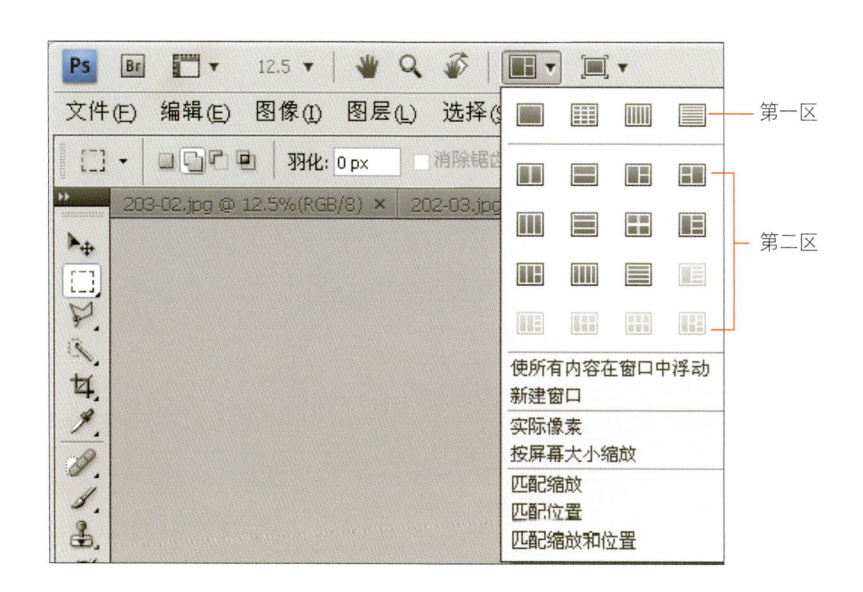

- 第一区的版面是以 "文件" 为排列单位，除了**全部合并** 之外，其他 3 个版面每个文件都有独立的文件窗口。

- 第二区的版面是以 "文件窗口" 为排列单位，如选择 **双联** 版面，表示会有 2 个文件窗口，此时若打开了 4 个文件，那么有些文件会拼贴在一个文件窗口中。

33

下面我们就来练习利用**排列文档**键提供的版面来改变相片的排列方式。

1 请从随书附赠光盘中打开本章的相片 203-02.jpg ~ 203-05.jpg。

打开相片后，预设会拼贴在一个文件窗口中。

2 在**应用程序**列点击**排列文档**键，然后选择**全部按网格拼贴**。

4 张相片同时并列在桌面上了，每张相片皆有各自的文件窗口。

若要恢复到所有相片拼贴在一个文件窗口中的状态,请点击**排列文档**键并选择**全部合并**键 ▢。

同步缩放、旋转与移动多张相片

同时查看多张相片时,可能会需要将它们都调整至相同的显示比例、移动到相同的位置或旋转到相同的角度,这样才方便对照比较。在"**窗口/排列**"功能表中的 4 个"匹配"命令可迅速完成这些要求。

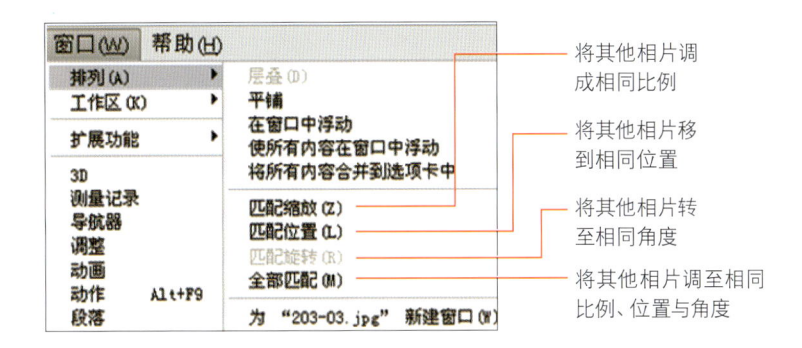

- 将其他相片调成相同比例
- 将其他相片移到相同位置
- 将其他相片转至相同角度
- 将其他相片调至相同比例、位置与角度

我们只要先调好其中一张相片的比例、位置和角度,然后执行上述的"匹配"命令,Photoshop 便会自动调整其他相片的比例、位置和角度。

目前各张相片的比例和位置都不相同

1 先调好这张相片的比例与位置。

2 执行"**窗口/排列/全部匹配**"命令。

另外 3 个窗口会自动调成和 203-03.jpg 相同的比例与位置。

3-3 同时查看相片的全貌与局部细节

编修相片时，要不时放大比例来处理细部或缩小比例观察整体变化，此时可以为相片再打开一个文件窗口，然后放大其中一个窗口以编修细部，另一个窗口则保留全貌以便对照。而且当我们在其中一个窗口内所做的编修，也会同步显示在另一个窗口中。

点击**排列文档**键执行"**新建窗口**"命令或在"**窗口/排列**"功能表中执行"**为'×××'新建窗口**"命令（××× 为相片的文件名），即可为相片加开一个文件窗口，再点击**排列文档**键选择适当的排列方式，如竖幅相片可选择 **双联**，就能以 2 个文件窗口同时查看全貌与局部内容。

TIP 每张相片皆可新增多个文件窗口，并不仅限一个。

加开一个文件窗口后，比对就很方便了。

PART [3]

从编修到印刷交件

许多讲述数码相片编修的书籍中往往掺杂了太多诸如合成与特效等噱头，而忽略了编修相片的本意其实是为了提升相片的品质。本章将谨守相片编修的根本目的，以一般摄影工作为出发点，除了介绍使用 Photoshop 编修相片的种种技巧之外，还要让您充分理解其中的来龙去脉，了解如何观察、分析相片的明暗分布、察觉图像的偏色和拿捏锐化的程度等，并且分享后续印刷及交件的实用操作。

本章流程说明
修正歪斜的相片
裁切相片
学会看直方图
色阶调整实践
将色阶控制在适合印刷及二次编修的范围内
使用曲线调整相片的亮度
曲线调整实践
修正相片的偏色问题

利用"色相/饱和度"功能调整颜色
运用调整图层提高编修的弹性
锐化调整
依用途调整相片的大小与分辨率
印制缩略图目录
制作 PDF 幻灯片来展示相片
用显示器校样修正无法印刷的色彩
印制检色用范本以比对印刷色
相片交件的实用操作流程

1 本章流程说明

完成拍摄工作并初步整理及挑选出相片之后，接下来就要进入编修阶段。本章我们将介绍一连串完整的编修观念和调整技巧，一直到印刷和交件的实用操作。为了让您对整个流程有清楚的概念，特辟此单元说明本章的架构，帮助您日后能更有效率地编修出高品质的摄影作品。

1-1 前言

传统的胶片摄影，除了拍摄时精确地测光和取景之外，后期在暗房中进行的冲洗技术也攸关相片的品质；数码摄影亦是如此，从拍摄到交件的过程中，精良的拍摄技巧固然是成就高品质相片的重要因素，若能搭配绝佳的编修技巧（如同暗房成像的技术），一定能赋予相片更丰富的生命力。本章将详细说明利用 Photoshop 编修相片的流程，帮助您提升相片的品质。

适当地编修可有效提升相片的品质

另外，能够成为专业的摄影师，不仅是因为作品有高品质的保证，良好的效率也是重要的因素。不论相片再怎么完美，无法在期限之内交件也是枉然。有鉴于此，本章会介绍 Photoshop 有效提升效率的自动处理功能。

不过还要提醒您，Photoshop 也绝非万灵丹。当您使用数码相机进行拍摄时，准确地设定白平衡是很重要的环节。若能先取得正确的白平衡，后期用 Photoshop 进行编修时就会轻松许多。此外，适度的曝光也很重要。拥有足够色阶分布的相片，要用 Photoshop 来解决相片偏暗或偏亮的问题非常简单，但倘若相片已丧失过多的细节，Photoshop 再怎么万能恐怕也回天乏力了。

1-2 相片编修至印刷交件的流程图

本章内容共 18 个单元，分成 5 个阶段，经过这一连串的审视和编修，可有效改善相片最常见的歪斜、明暗及色彩问题，并依实际用途进行转换格式及交付输出或印刷的操作。请参考右侧的流程图。

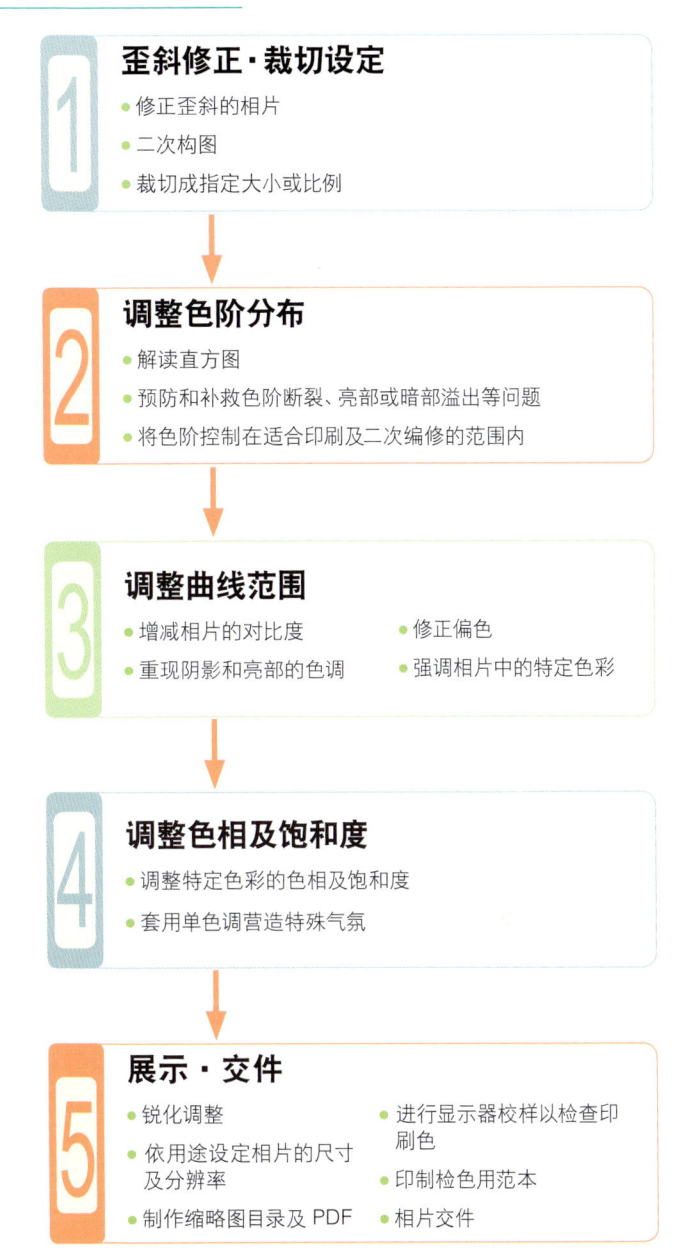

1　歪斜修正・裁切设定
- 修正歪斜的相片
- 二次构图
- 裁切成指定大小或比例

2　调整色阶分布
- 解读直方图
- 预防和补救色阶断裂、亮部或暗部溢出等问题
- 将色阶控制在适合印刷及二次编修的范围内

3　调整曲线范围
- 增减相片的对比度
- 重现阴影和亮部的色调
- 修正偏色
- 强调相片中的特定色彩

4　调整色相及饱和度
- 调整特定色彩的色相及饱和度
- 套用单色调营造特殊气氛

5　展示・交件
- 锐化调整
- 依用途设定相片的尺寸及分辨率
- 制作缩略图目录及 PDF
- 进行显示器校样以检查印刷色
- 印制检色用范本
- 相片交件

编修相片若能有一套习惯的流程，自然有助于提升效率，如此一来也会有更多的心力投注于品质的提升。不需要合成或特殊效果辅助，依循本章介绍的流程，您也可以极富效率地编修出高品质的相片。

2 修正歪斜的相片

用手持的方式拍摄时，即使是专家，也难确保拍出来的相片一定能保持完美的水平（或垂直）状态。就构图而言，除非要营造特殊情境，否则水平或垂直线歪斜都是摄影的大忌，因此本单元讲解用 Photoshop 修正歪斜相片的方法。

有歪斜问题的相片，通常画面中会包含明显的水平线或垂直线，而 Photoshop 能帮您测出它们的歪斜程度，并进一步调正相片。

1 打开相片后，请在 Photoshop 窗口左侧的**工具**面板中选取**标尺工具**。

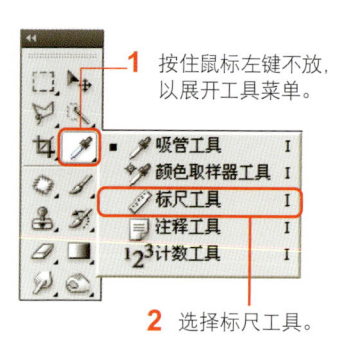

302-01.jpg

1 按住鼠标左键不放，以展开工具菜单。
- 吸管工具　　　 I
- 颜色取样器工具　I
- 标尺工具　　　 I
- 注释工具　　　 I
- 计数工具　　　 I

2 选择标尺工具。

2 沿着相片中应该呈水平（或垂直）的线条拖拽出线段，如此一来，即可让 Photoshop 测量出相片歪斜的角度。

3 执行**"图像/图像旋转/任意角度"**命令，从**旋转画布**对话框中可看到 Photoshop 测量的结果，只要按下**确定**按键，相片便会调正。

4 转正后的相片会出现多余的边缘 (露出背景色)，请利用裁切功能 (参考下一单元的说明) 裁掉即可。

302-01A.jpg

3 裁切相片

裁切一般是用来剪裁相片的局部范围，但裁切的应用不仅如此，它还提供了"二次构图"的机会。此外，冲洗相片时若遇到相片的宽高比例与相纸不符时，也可以用裁切来解决。善用裁切功能，可改善相片构图上的缺陷。

很多时候，您可能需要对相片进行裁切操作。以下提供 4 种裁切方式，您可视需求选择最合适的方法来裁切相片。

3-1 维持原比例进行二次构图裁切

构图的好坏决定了相片的生命，若事后发现相片的构图不完美，可进行如下操作，在不破坏相片比例的前提下进行"二次构图"。例如，303-01.jpg 这张相片我们希望让快艇更醒目，因此决定重新裁切，让快艇位于画面黄金分割后左下区的位置。

裁切前
快艇位于画面中央，而且比例过小，使构图缺乏气势与张力。

裁切后
根据快艇行进方向将相片二次构图裁切，使快艇位于画面左下方的位置，增加视线拓展的空间。

1 打开相片后，按住 Ctrl + A 键 (Windows) / ⌘ + A 键 (Mac) 全选相片，再执行 **"选择/变换选区"** 命令，此时选取框会出现 8 个控点，按住控点拖拽即可调整大小。由于要维持等比例缩放，因此请先按住 Shift 键，再按住左下角的控点向右上方拖拽。

2 在选取框内按住左键拖拽可移动位置 (也可利用方向键微调)。请将选取框向左下方移动，让快艇位于选取框水平三等分之下的区域。

3 调整好选取框的大小和位置后，请按下 Enter 键 (Windows) / return 键 (Mac) 确定变形选区，再执行 **"图像/裁剪"** 命令，即可维持原比例裁切相片。裁切后若对结果不满意，可执行 **"编辑/还原裁剪"** 命令 (或按下 Ctrl + Z 键 (Windows)/ ⌘ + Z 键 (Mac)) 还原到裁切之前的状态。

3-2 将相片裁切成指定的尺寸

当您需要将相片裁成特定尺寸时，可在选择**工具**面板中的**裁剪工具** 后，先在**选项**面板中设定**宽度**与**高度**，再进行裁切的动作。例如，要将相片裁成 6 英寸 × 4 英寸大小，可进行如下操作。

1 由于要裁成 6 英寸 × 4英寸大小，请先按下 `Ctrl` + `R` 键 (Windows) / `⌘` + `R` 键 (Mac) 显示标尺，并于标尺上点击右键执行**"英寸"**命令，将标尺单位设为英寸，以方便稍后设定**宽度**和**高度**。

在此处点击右键

根据裁切需求变更标尺的单位

2 点击**工具面板**中的**裁剪工具**，然后在**选项**面板的**宽度**和**高度**栏分别输入指定的数值。

目前相片大小为 10.24 英寸 × 6.827 英寸

1 点击此按键可撷取目前相片的宽、高和分辨率。

2 分别输入 "6" 及 "4" (因为重新设定过标尺单位，故单位不必输入)。

3 在相片上拖拽出裁切框，调整好裁切范围后按下 `Enter` 键（Windows）/ `return` 键（Mac），即可将相片裁成 6 英寸 X 4 英寸大小。

您可再按下**前面的图像**键撷取目前相片的宽、高，确认裁切后的尺寸。

在尚未按下 `Enter` 键（Windows）/ `return` 键（Mac）裁切相片之前，若想取消裁切操作，可按下 `Esc` 键；若对裁切结果不满意，可按下 `Ctrl` + `Z` 键（Windows）/ `⌘` + `Z` 键（Mac）还原至裁切之前的状态。

3-3 依固定比例裁切相片

早期某些数码相片的宽高比例为 4∶3 (如3072×2304或1600×1200)，而一般相纸的宽高比例为 1.5∶1 (如5×3、6×4或7×5)，两者并不一致。为了配合相纸的宽高比例，冲印店只好拿您的相片开刀了。由于无法预知冲印人员会如何裁切相片，此时不妨先自行依相纸的比例裁切好再送洗，才不会拿到相片后大吃一惊。

1 要依固定比例裁切相片，请先选取**工具**面板中的**矩形选框工具**，然后在**选项**面板下拉**样式**列表中选择**固定比例**，然后在**宽度**和**高度**栏中输入希望的比例数值。

2 在相片上拖拽出选取的范围，调整好后执行"**图像/裁剪**"命令，即可根据指定的比例裁切相片。

3-4 任意裁切相片

如果您只需要撷取相片的部分画面使用，而且无须符合特定的尺寸时，可进行如下操作。

1 请点击**裁剪工具**，并点击**选项**面板上的**清除**键，将所有栏位都清空。

2 在相片上拖拽出裁切框，框内的部分在裁切后会保留，框外变深的部分则会被裁掉；按住裁切框上的控点并拖拽可调整大小，在裁切框内按住左键拖拽则可移动位置(也可利用方向键微调)。

> **TIP** 若希望框外的部分不要变深，可取消**选项**面板的**屏蔽**项目。

3 想要同时旋转兼裁切相片，您可以将光标移至裁切框外靠近控点的位置，待光标呈 ↻ 状时，按住鼠标左键拖拽，即可旋转裁切框。

4 调整好裁切范围后，按下 Enter 键 (Windows) / return 键 (Mac) 或直接在框内双击鼠标左键，即可裁切相片。

裁切相片

3

47

4 学会看直方图

直方图是用来查看相片曝光状况的图表，比较专业的数码相机都有类似的功能，相信您一定不陌生。将相片在 Photoshop 中打开后，同样也可以打开**直方图**来查看相片，**直方图**究竟传达了哪些信息呢？本单元将为您进行详细地解说。

4-1 认识直方图

直方图是一张长条图，表示相片中"所有像素的亮度分布"。我们先来认识一下直方图的内容。

直方图的组成

Photoshop 将相片的亮度细分为 256 个阶梯，从最暗的第 **0** 阶（黑色）到最亮的第 **255** 阶（白色），这些不同的"亮度阶梯"就称之为**色阶**。而**直方图**就是统计相片中每个色阶有多少像素量，用长条图表示，让我们能看出所有像素分布在哪些色阶（亮度），进而判断相片是否拥有正确的曝光。

下面以一个 3 × 3 像素的灰阶图片为例来说明，其中有 1 个深灰色的像素、3 个中灰色的像素及 5 个浅灰色的像素。我们依**亮度**来排列它们，就完成分别有 1、3、5 个像素的长条图，这就是该图片的**直方图**。

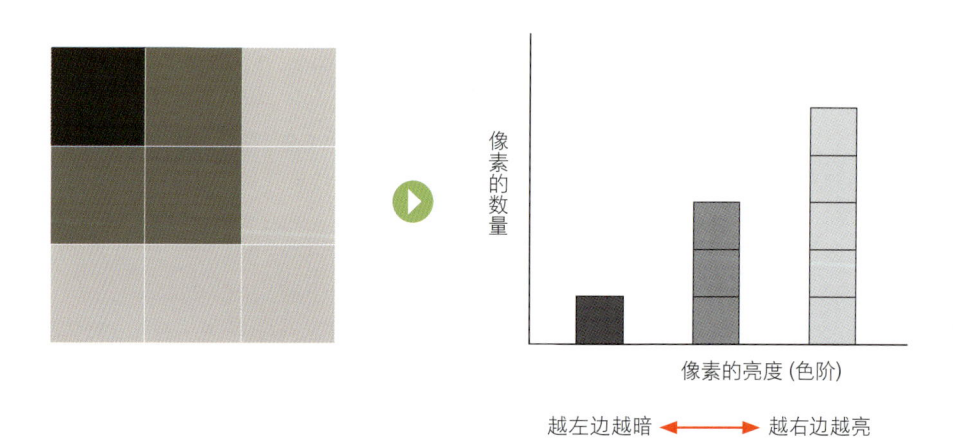

由于**直方图**是以**亮度**来排列像素，和相片的内容完全无关，因此可以客观地判断曝光状况。我们再用另一张图片为例，虽然内容和上一张完全不同，若用**直方图**来查看就能判断出亮度分布状况和前一张相同。

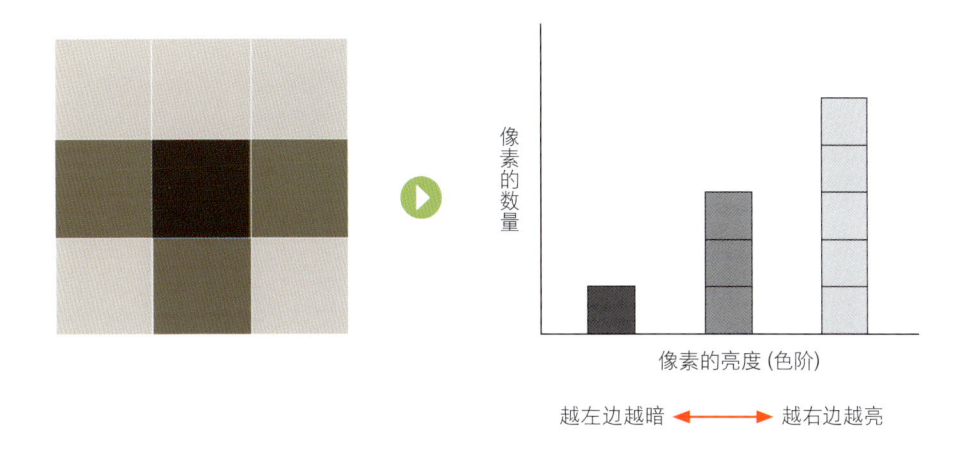

打开 Photoshop 的"直方图"面板

在 Photoshop 中打开任何一张相片后，若要查看其亮度分布情形，请点击 Photoshop 窗口右侧**面板区**的 键（或执行**"窗口/直方图"**命令）打开**直方图**面板，其中高低不同的彩色长条图就是表示各色阶所包含的像素量，长条图越高表示像素越多。

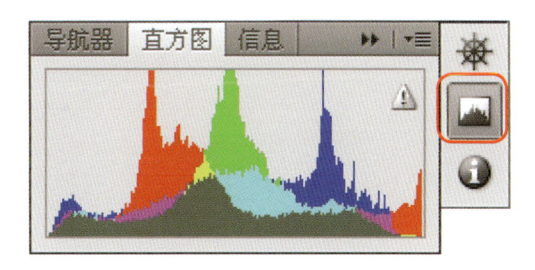

切换至"扩展视图"模式来查看详细信息

第一次打开**直方图**面板时，只会显示彩色的长条图，您可再点击面板右上角的 键，切换到**扩展视图**模式，进一步查看各色阶的像素量和百分比等详细信息。

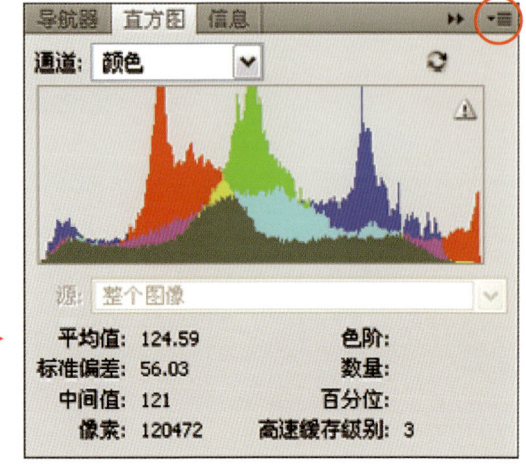

▶ 下方为各色阶的详细信息

若某色阶的长条图很高，表示该色阶的像素量很多。您可将光标移至直方图上，从面板下方的统计信息区了解该色阶实际的像素量。

▶ 将光标移至第 186 色阶上，显示该色阶有 2472 个像素

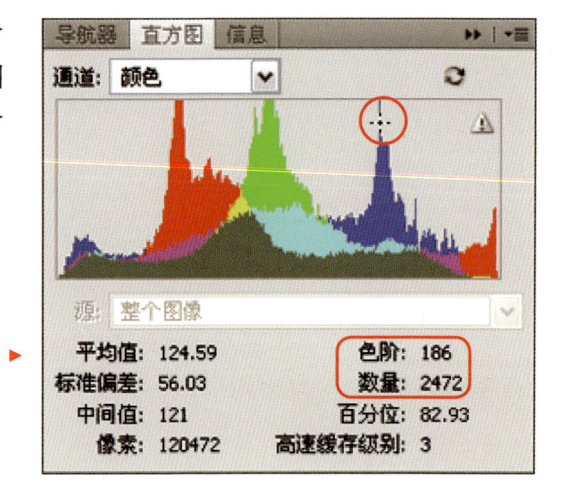

切换到"RGB"通道来查看整体曝光度

查看相片时，**直方图**上预设显示**颜色**通道的长条图，也就是重叠显示**红**(R)、**绿**(G)、**蓝**(B) 等多个通道的直方图。这些重叠的颜色色阶让人眼花缭乱，因此在查看整体曝光度时，一般建议切换至 **RGB** 通道的直方图，请进行如下操作。

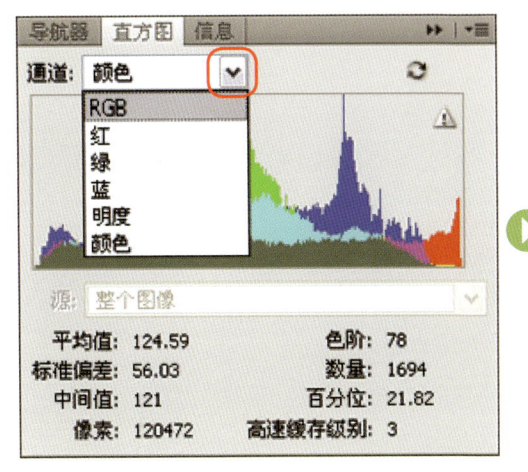

请点击**通道**列表的下拉菜单,切换到 **RGB** 通道。

切换到 **RGB** 通道,可查看看**红** (R)、**绿** (G)、**蓝** (B) 通道像素加总后的直方图。

认识"RGB"色彩模式与"通道"

上面的范例请您切换到 **RGB** 通道来查看直方图,其中的"RGB"和"通道"是什么意思呢?

● "RGB"色彩模式

Photoshop 为了记录图像的亮度和色彩,建立了许多**色彩模式**,"RGB"就是其中一种。在"RGB"色彩模式中,每一个像素都是由红 (R)、绿 (G)、蓝 (B) 3 种色光重叠而成的,而且红、绿、蓝色光又可分为 256 种亮度,因此可以组合成 256 × 256 × 256 = 16777216 种颜色。这些颜色已经涵盖了大部分人眼所能辨识的颜色,因此又称为"全彩"。

用数码相机拍摄的相片是由感光元件 (CCD或 CMOS) 对镜头接收到的光线感光,将光转换为 R、G、B 3 个数字信号后存储在记忆体上,也是属于 **RGB** 模式。

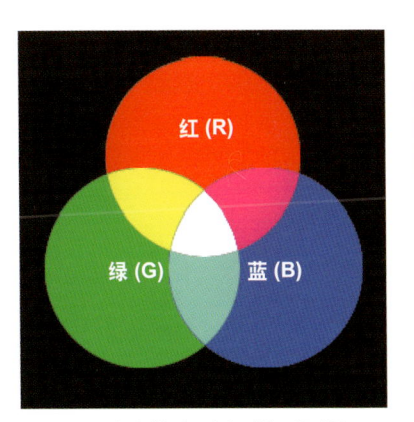

RGB 色彩模式,由红 (R)、绿 (G)、蓝 (B) 3 种色光混合出所有的颜色

Next

> 除了 **RGB** 色彩模式之外，Photoshop 还支持 **CMYK和Lab** 等多种色彩模式，我们将在之后的单元陆续为您介绍。

● 通道

在 Photoshop 中打开相片时，会随着该相片的色彩模式建立不同的**通道**，让我们查看其中各原色的分布状况。例如，打开 **RGB** 色彩模式的相片时，会将相片分离为**红、绿、蓝** 3 个**分色通道**及 1 个将各通道加总起来的 **RGB** 通道。您可点击**面板区**的 钮（或执行"**窗口/通道**"命令）来查看。

若切换到 **RGB** 通道，就是查看**红、绿、蓝** 3 个通道加总的像素。

暂时关闭 Photoshop 的高速缓存以查看精确的色阶分布

刚打开**直方图**时，您可能会发现面板上出现了警告图标 ⚠，这表示目前的直方图是通过电脑的高速缓存建立的，这样便不会以所有的像素来绘制直方图，可以加快直方图的显示速度，但结果便会不精确。若要查看以全部像素绘制的直方图，需点击一下警告图标，暂时关闭高速缓存。

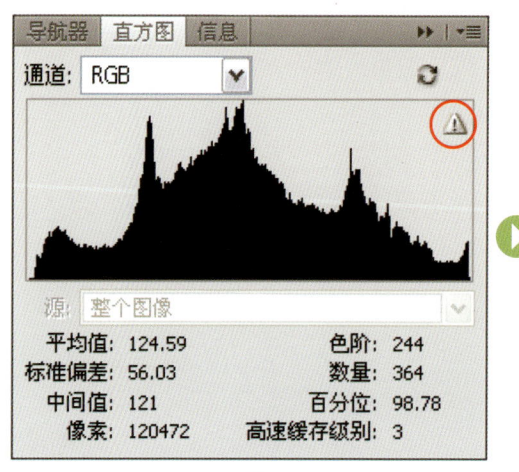

请点击 ⚠ 键

关闭高速缓存后，比较之前的操作将光标移至第 186 色阶上，发现该色阶原来有 36625 像素。

若您不希望每次打开**直方图**面板后，都得关闭高速缓存才能查看实际像素量，可执行"**编辑/首选项/性能**"命令，如下将**高速缓存级别**重设为"1"，也就是不进行高速缓存，然后点击**确定**键即可。

> **TIP** 变更的设定会从下一次打开 Photoshop 时开始生效。

直方图的使用时机

看到这里，您可能还会觉得疑惑：到底什么时候会用**直方图**来查看相片呢？首先是在拍照的过程中，若能即时用相机内建的**直方图**检查拍好的相片，就可以马上了解曝光是否存在问题，以便重新进行拍摄。

另外，当您将拍好的相片传到电脑中后，若光用肉眼查看电脑显示的相片，不容易看出曝光是否正确，这时就可以利用 Photoshop 的**直方图**来检查，如太亮、太暗或对比度太低等问题都能立刻发现，才知道接下来应该如何调整相片。下面就会教您利用**直方图**来判断各种曝光问题。

4-2 利用直方图检查相片的曝光状态

了解**直方图**的构成之后，我们就实际用 Photoshop 的**直方图**检查相片，用实例让您练习通过直方图快速判断相片的亮度是否适中。

亮度适中的相片

首先来看曝光正确且亮度适中的相片，通常从最亮到最暗的色阶都有像素分布，在**直方图**上看，各色阶的长条图会紧密连接，没有间隙，就像是一座山的形状。

304-01.jpg

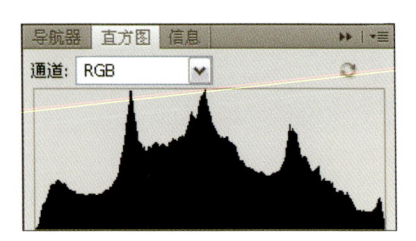

偏亮的相片

当相片偏亮时，由于亮部的像素较多，所以像素会集中分布在偏右半部的色阶。

304-02.jpg

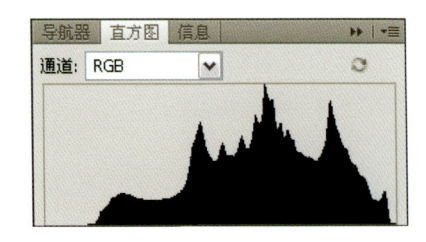

偏暗的相片

当相片偏暗时，由于暗部的像素较多，则像素会集中分布在偏左半部的色阶。

304-03.jpg

对比度较低的相片

当相片的对比度偏低时，如亮部不够亮或暗部不够暗，在**直方图**上会缺少最亮或最暗的像素。以下面这张相片为例，由于对比度低，像素分布集中在中央的色阶，最左侧和最右侧的色阶都没有像素。

304-04.jpg

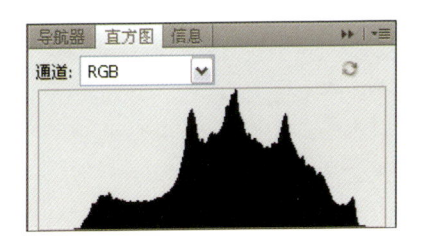

对比度较高的相片

当相片的对比度偏高,则与上例相反,在直方图上会显示为两侧较高、中央较低的山谷状。这表示亮部和暗部的像素较多,而中间调的像素则较少。

304-05.jpg

亮部溢出的相片

数码相机是利用感光元件(CCD或CMOS)来记录镜头接收到的光线强度,但是感光元件有其极限,当光线亮度太强或相片曝光过度,超过感光元件的上限时,在直方图上只会记录为最亮的第 255 色阶(白色)。在这种情形下,有些部位其实只是接近白色,却因过度曝光而被记录成白色的像素,失去了其亮度信息,就称为**亮部溢出**。

以下面这张相片为例,将光标移至直方图的第 255 色阶,会发现多达 103762 像素都记录为白色,即发生了亮部溢出。发生亮部溢出的地方都变成了白色,因此无法呈现出原本的细节。

304-06.jpg

窗框变成白色的色块,看不到细节。

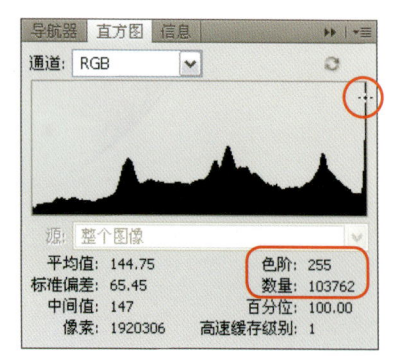

暗部溢出的相片

和亮部溢出相反，当光线太弱或相机曝光不足，使感光元件无法感测到亮度时，在直方图上只会记录为最暗的第 0 色阶 (黑色)。在这种情形下，有些部位原本不是黑色，也被记录成黑色的像素，使我们无从得知其细节，就称为**暗部溢出**。

例如，下面这张相片中树枝和屋檐的阴影偏黑，乍看之下好像没有问题，若用直方图来检查，就会发现第 0 色阶多达 101217 像素，即发生了**暗部溢出**。

○ 304-07.jpg

树枝的阴影变成了黑色色块，看不到细节。

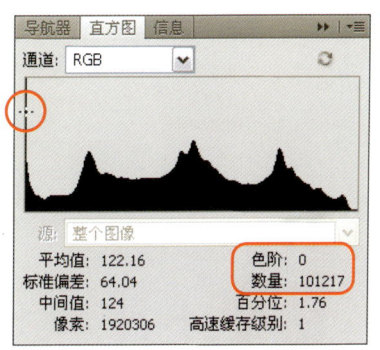

暗部与亮部溢出的相片

当直方图的第 0 色阶和第 255 色阶都包含大量的像素时，这种情形常发生在过度调整的相片上，表示亮部和暗部都发生了溢出，如下图所示。建议您在调整亮度时，一定要避免这样的情况，以免相片失去太多细节，无法再进行编修。在本章第 5 单元 "5-5 避免发生亮部或暗部溢出的技巧"中，我们会告诉您避免这种情况发生的技巧。

○ 304-08.jpg

暗部溢出　　　　　亮部溢出

> **"溢出"与"动态范围"的关系**
>
> 数码相机的感光元件能测知的亮度，从最亮到最暗的范围一般称为**动态范围**。超出动态范围的像素，由于感光元件无法记录，就会发生**溢出**。亮度高于动态范围上限的像素就发生**亮部溢出**，会被记录成白色；亮度低于动态范围下限的像素，就发生**暗部溢出**，会被记录为黑色。

4-3 利用直方图检查渐变色的平滑度

直方图除了能检查曝光状态，还可以检查出相片里的渐变色是否平滑。以下图为例，从直方图来看，会发现相片中的某些色阶没有显示出像素量，使直方图呈现有间隙的梳齿状，我们称之为"色阶断裂"。

304-09.jpg

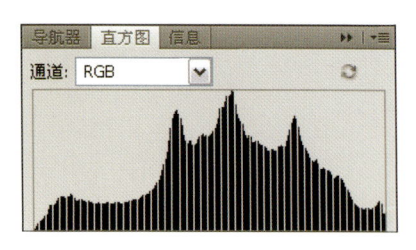

我们改用简单的渐变色块来说明，请参考下图。若是平滑的渐变色，从最亮到最暗的色阶都会有像素分布，而且像素量都很接近，在直方图上看起来很整齐；而不平滑的渐变色，其色阶中就有许多间隙和段差，看起来参差不齐。

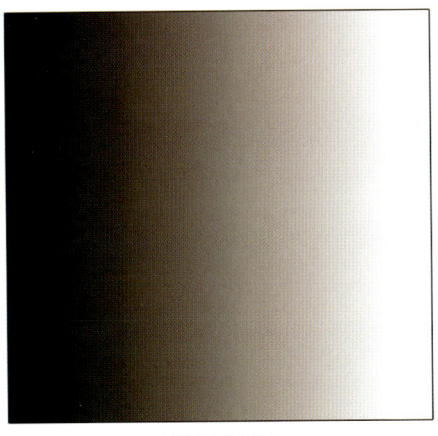

平滑的渐变色

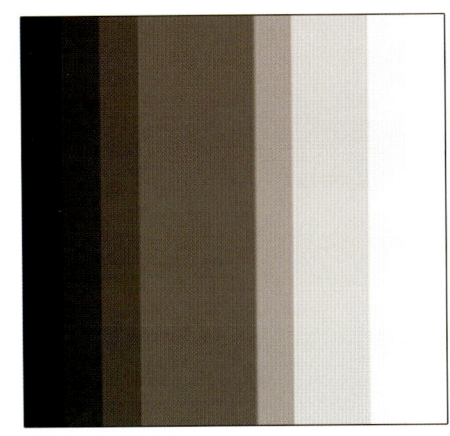

不平滑的渐变色

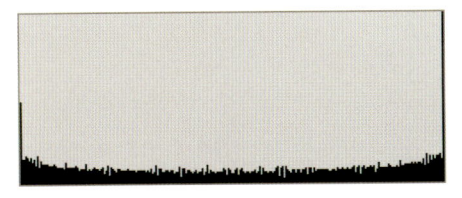

每个色阶的像素量几乎相同

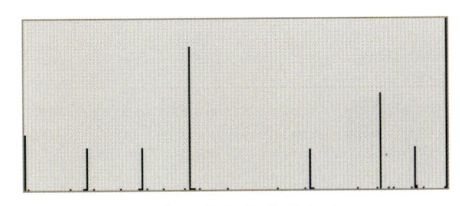

像素只分布在某些色阶

用 Photoshop 编修相片时，很容易因为编修过度而发生色阶断裂或渐变色不再平滑等状况，这样一来图像会失去太多细节，不适合再编修。我们会在本章第 5 单元 5-4 中实际演练时告诉您解决的方法。

4-4 查看不同通道的直方图

除了检查 **RGB** 通道的直方图之外，在 Photoshop 中也可以切换到单色和**颜色**等通道的直方图来查看。下面就以 304-01.jpg 为例，来看看其他通道的色阶分布。

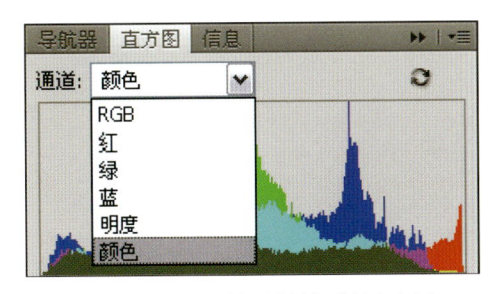

下拉**通道**列表，即可切换到其他通道的直方图。

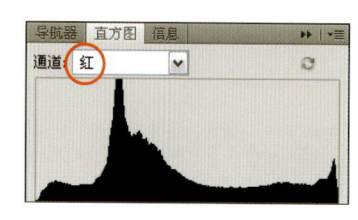

您也可以在同一个直方图上，一次查看**颜色**和所有分色通道的像素分布，请如下图操作。

1 切换到**颜色**通道，重叠显示**红**、**绿**、**蓝** 3 个通道的直方图。

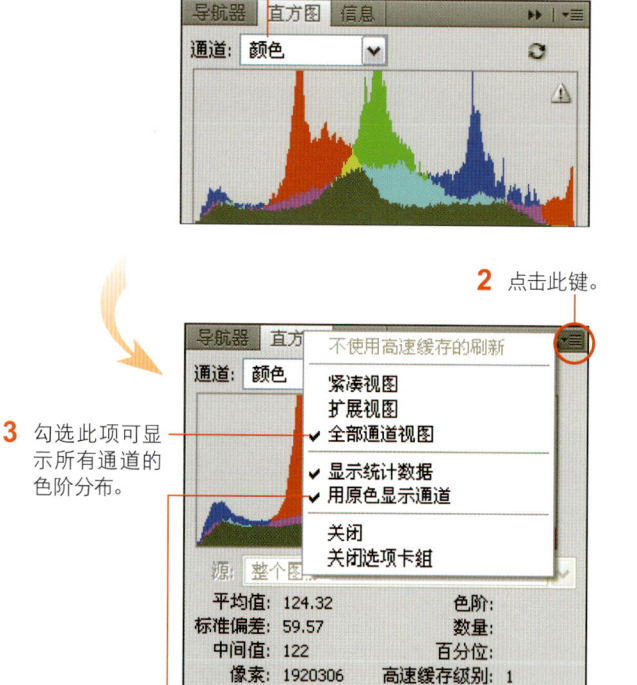

2 点击此键。

3 勾选此项可显示所有通道的色阶分布。

4 勾选此项可将分色通道显示为彩色 (如将**红**通道显示为红色)。

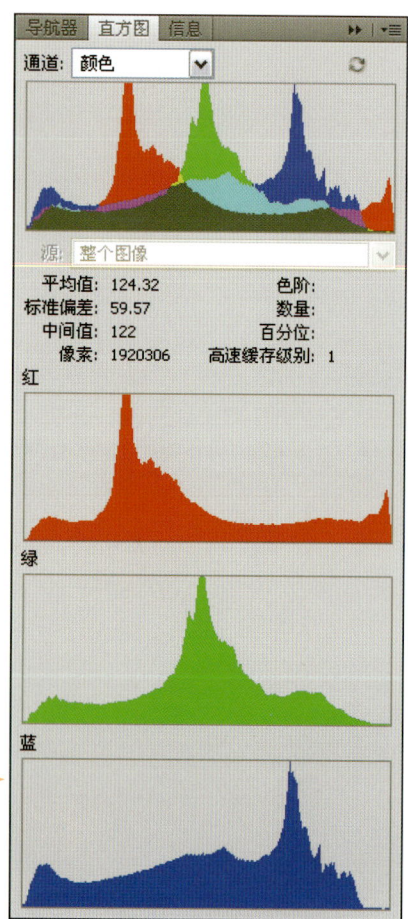

同时显示**颜色**与各分色通道的直方图

5 色阶调整实践

上一单元您已经对**直方图**有了基本认识，本单元我们就一起来学习调整**色阶**。通常调整色阶是为了加深暗部或加亮亮部，以增强相片的对比度，本单元将为您介绍调整的原理和技巧。此外，在调整相片时很容易不小心调整过度，造成色阶断裂及亮部或暗部溢出的情况，我们也将告诉您预防和补救的方法。

5-1 色阶调整的基本练习

与其用文字说明，不如实际练习吧！请打开要调整的相片，跟着下面的步骤调整它的**色阶**，先看看效果如何，之后再为您说明色阶调整的原理。

305-01.jpg

1 请执行 **"图像/调整/色阶"** 命令或按下 Ctrl + L 键 (Windows) / ⌘ + L 键 (Mac) 打开**色阶**对话框。您会看见对话框中也有直方图，从图表来判断，这张相片的亮部没有达到纯白，暗部也没有达到纯黑，对比度不够强。下面我们就要调整其色阶，使亮部加亮、暗部加深，以提升对比度。

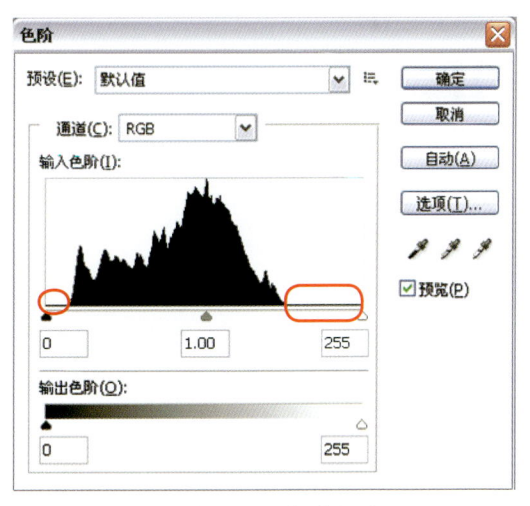

左边 (暗部) 和右边 (亮部) 都有许多色阶缺乏像素分布。

2 调整色阶的方法就是拖拽直方图下面的黑、灰、白 3 个三角形滑块。本例中我们想让雪地看起来更白，首先要把亮部变得更亮，请将白色滑块向左拖拽至有像素分布的最右端，您可在拖拽时查看下方栏中的数值（即所在的色阶），如图拖拽至第 194 色阶。

3 再把暗部变得更暗，让山的阴影更深，以加强对比。请将黑色滑块向右拖拽至有像素分布的最左端，即第 19 色阶。

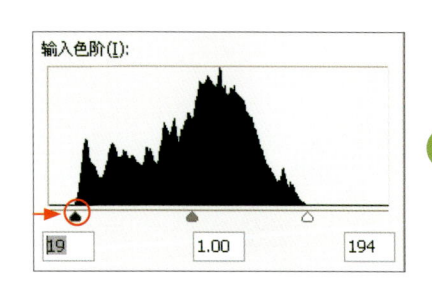

4 加亮亮部与加深暗部的方法就是基本的色阶调整技巧，调整好后点击**确定**键即可。接着您可以打开**直方图**面板来比较一下，调整后，像素已经平均分布在第 0~255 色阶了。

305-01.jpg

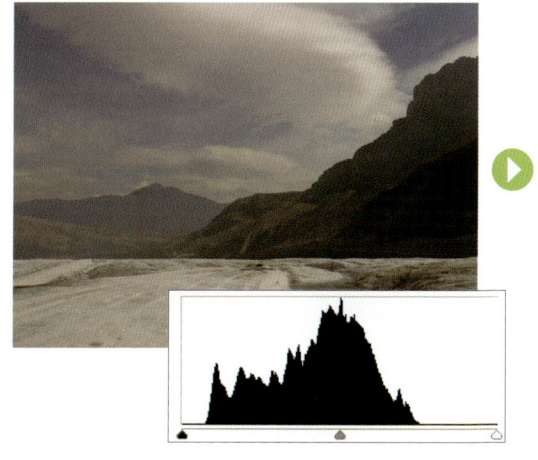

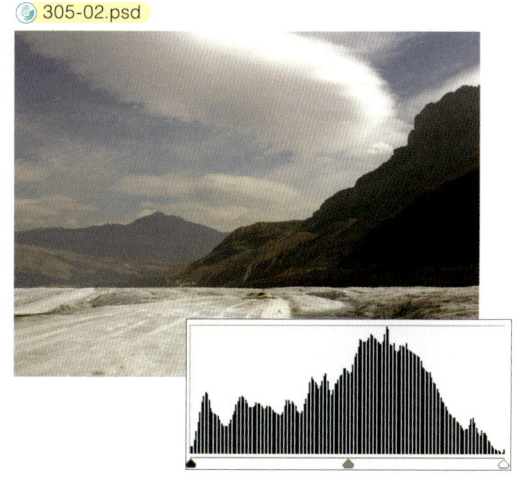

305-02.psd

TIP 此例调整后，色阶之间产生了间隙，稍后将会为您说明原因。

色阶调整实践

5

调错时重设对话框的技巧

初学者在调整相片时，由于对功能不了解，很容易一失手就调整过度了，该怎样补救呢？其实在点击**确定**键之前，这些设定都是可以复原的。您只要按住 Alt (Windows) / option (Mac) 键，对话框中的**取消**键就会变成**复位**键，点击**复位**键即可将对话框的数值复原，让您再重新进行调整。记住这个技巧，在设定每个对话框时都很实用。

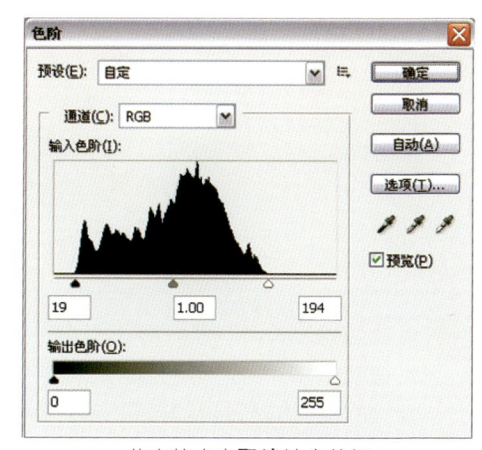

若直接点击**取消**键会关闭对话框，而且不套用设定。

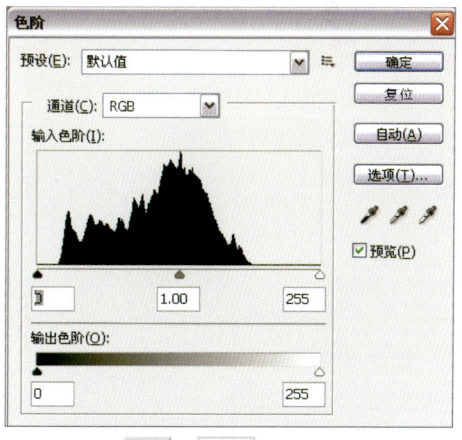

若按住 Alt / option 键，**取消**键就会变成**复位**键，点击**复位**键不会关闭对话框，还可重新设定对话框内容。

5-2 色阶调整的原理

色阶对话框分成上下两部分，上半部分是直方图，下半部则是**输出色阶**区。其中的黑色与白色滑块分别代表第 0 色阶（最暗点）和 255 色阶（最亮点）。尚未调整时，直方图和**输出色阶**区的三角形滑块位置是相同的。如右图所示。

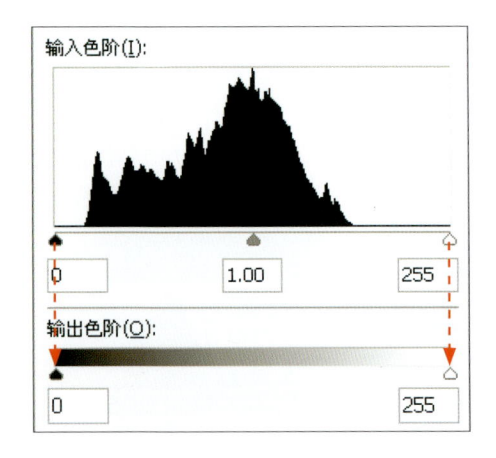

我们调整色阶时，其实就是重新分配色阶的分布情形。例如，将黑色滑块拖拽至第 19 色阶，白色滑块拖拽至第 194 色阶，这表示要将第 19 色阶变成第 0 色阶（纯黑），第 194 色阶变成第 255 色阶（纯白），动态范围变大了，因此两者之间的色阶也会重新分配。如下图所示。

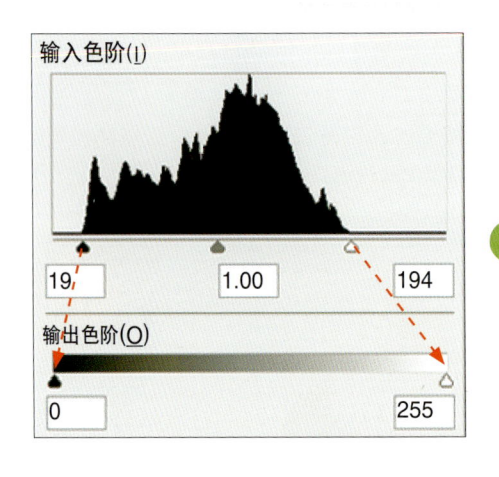

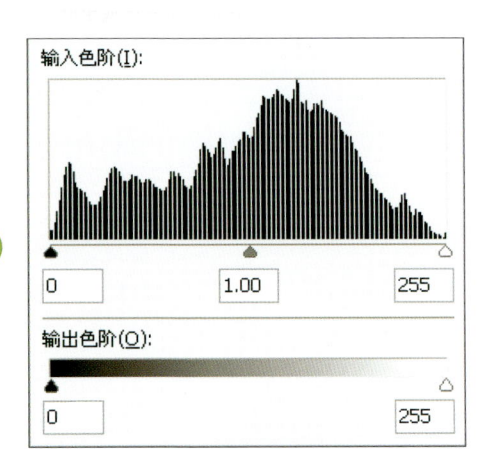

> **为什么调整色阶会使动态范围变大？**
>
> **动态范围**是指数码相机能记录的亮度范围，以相片来说，就是直方图上从最暗到最亮的色阶。在调整色阶时，若我们将比较少的色阶重设成 0~255 色阶，如本例将第 19~194 色阶（动态范围176 个色阶）重设成第 0~255 色阶（动态范围256 个色阶），就等于将动态范围变大了。

下面用简单的图解来为您说明。左图中只包含 3 种灰色，色阶分布如右图所示。

调整色阶时，我们将直方图的黑色和白色滑块拖拽至现有的灰色色阶下面。

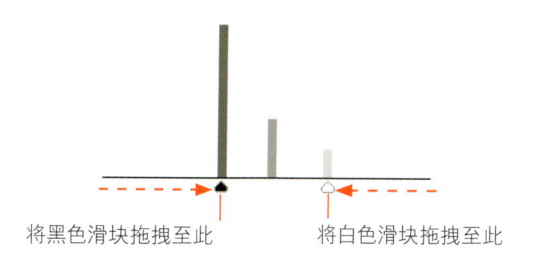

将黑色滑块拖拽至此　　将白色滑块拖拽至此

这时 Photoshop 会将图中原本最深的灰色像素变成黑色（第 0 色阶），而最浅的灰色像素变成白色（第 255 色阶），再平均分配两者之间的色阶，如下图所示，调整后的图片看起来对比更强烈了。

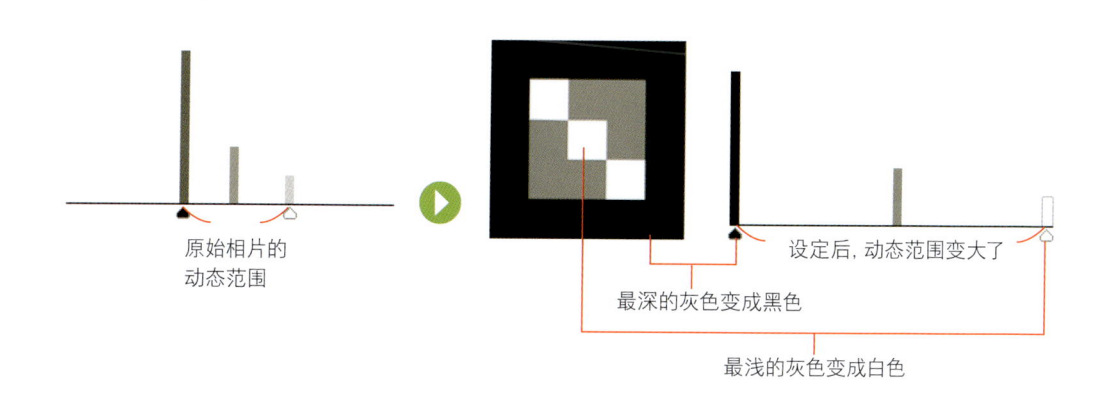

原始相片的动态范围

最深的灰色变成黑色

设定后，动态范围变大了

最浅的灰色变成白色

5-3 直方图产生间隙的原因

当我们调整色阶时，Photoshop 就会扩大相片的动态范围，然而在扩大动态范围时，往往也会让色阶出现许多间隙，如右图所示。

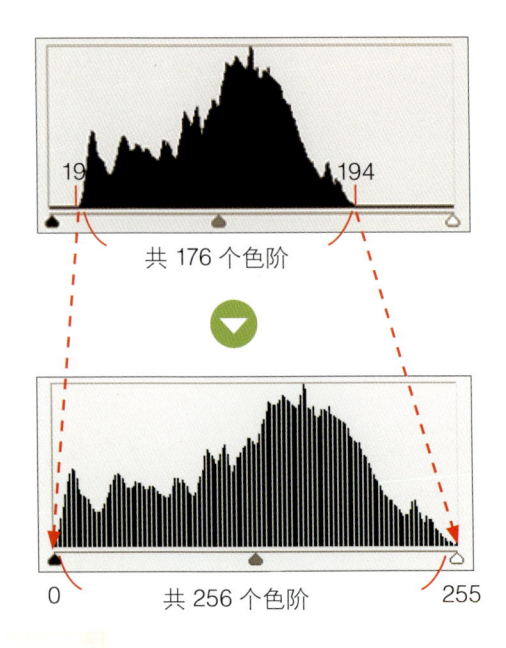

共 176 个色阶

共 256 个色阶

这些间隙是在扩大动态范围时，重新分配色阶的结果。例如，原本只有 176 个色阶，要重新分配到 256 个色阶，当然会产生间隙。如果您不希望产生这些破坏细节的间隙，在拍照时就要进行正确的测光和曝光。若事后仍需调整色阶，又希望将破坏降到最低，其实可以利用一个技巧来补救，详情请参阅下面的说明。

5-4 利用转换图像模式的技巧来抑制色阶断裂

如果想要抑制色阶断裂的状况，还有一个好用的技巧可以试一试，就是先将相片转换成细节更多的**通道**，再进行调整。例如，将 8 位的相片转换成 16 位再进行编修，Photoshop 的 16 位通道有 32768 个色阶，比起 8 位通道的 256 色阶有更大的编修空间。

请打开 305-03.jpg，这和 5-1 节练习用的相片是同一张，下面就利用通道的转换技巧重新进行色阶调整工作，看看结果有何不同。

1 请执行 **"图像/模式/ (16位/通道)"** 命令，即可将文件转换为 16 位。

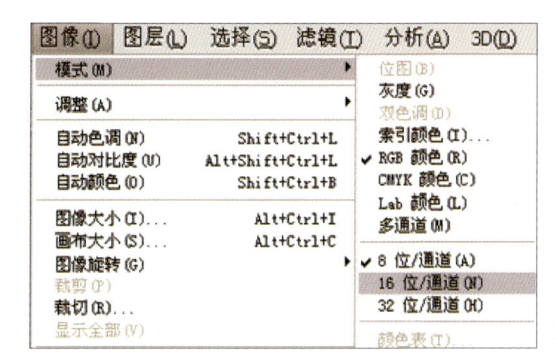

转换后，此处会显示 **(RGB/16)**

2 同样执行 **"图像/调整/色阶"** 命令，打开**色阶**面板，对比 5-1 节的做法将白色滑块拖拽至 194 色阶，黑色滑块拖拽至 19 色阶，然后点击**确定**键。

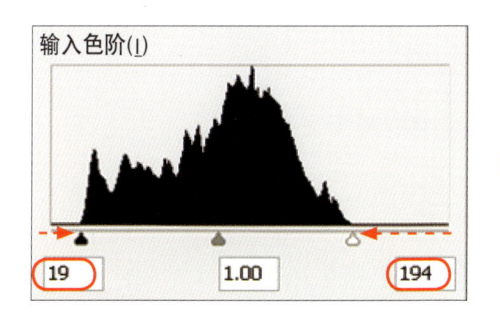

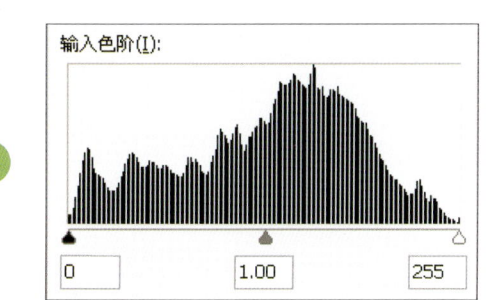

67

3 调整后同样发生了色阶断裂的情形,不过没关系,我们再执行"**图像/模式/ (8 位/通道)**"命令,将相片转换回 8 位,然后打开**直方图**面板来查看,就会发现断裂的色阶被填补起来了。

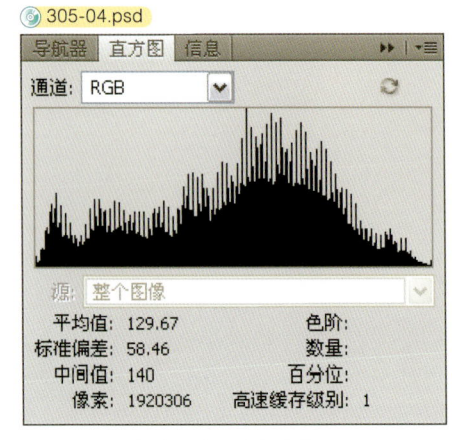

回复为 8 位模式　　　　　　　　　　　　色阶中的间隙都消失了

　　上面的技巧能修补色阶,是因为将色阶多的 16 位转成色阶少的 8 位时,可以填补色阶的间隙。同理,您也可以将相片转换为其他细节和色彩比原本更多的模式,如色域比 **RGB 颜色**更广的 **LAB 颜色**模式或比 16 位更高的 **32 位/通道**模式,再依上述步骤调整相片。下图即为先转换成 **LAB 颜色**模式调整色阶,再转换回 **RGB 颜色**模式的结果。

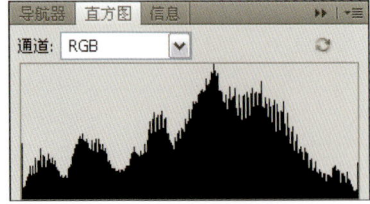

> **认识 LAB 颜色**
>
> 许多色彩模式是模拟其他装置来混合及产生色彩的。例如，**RGB 颜色**是模拟电脑显示器或数码相机以光混合的颜色，**CMYK 颜色**是模拟打印机或印刷机以油墨混合的颜色，而 **LAB 颜色**则是模拟人在正常视力下能看到的全部颜色，因此 **LAB 颜色**所包含的颜色是最多的。

5-5 避免发生亮部或暗部溢出的技巧

若想避免发生亮部与暗部溢出，关键就在调整色阶时，**色阶**对话框中黑色与白色滑块的位置。

在调整色阶时，由于黑色滑块所在的色阶会变成第 0 色阶，若还有像素分布在它的左边，也会变成黑色，就发生了**暗部溢出**；而白色滑块所在的色阶会变成第 255 色阶，若还有像素分布在它的右边，也会变成白色，就发生了**亮部溢出**。所以我们在调整色阶时，最好不要让黑色滑块左边和白色滑块右边出现像素，如下图所示：

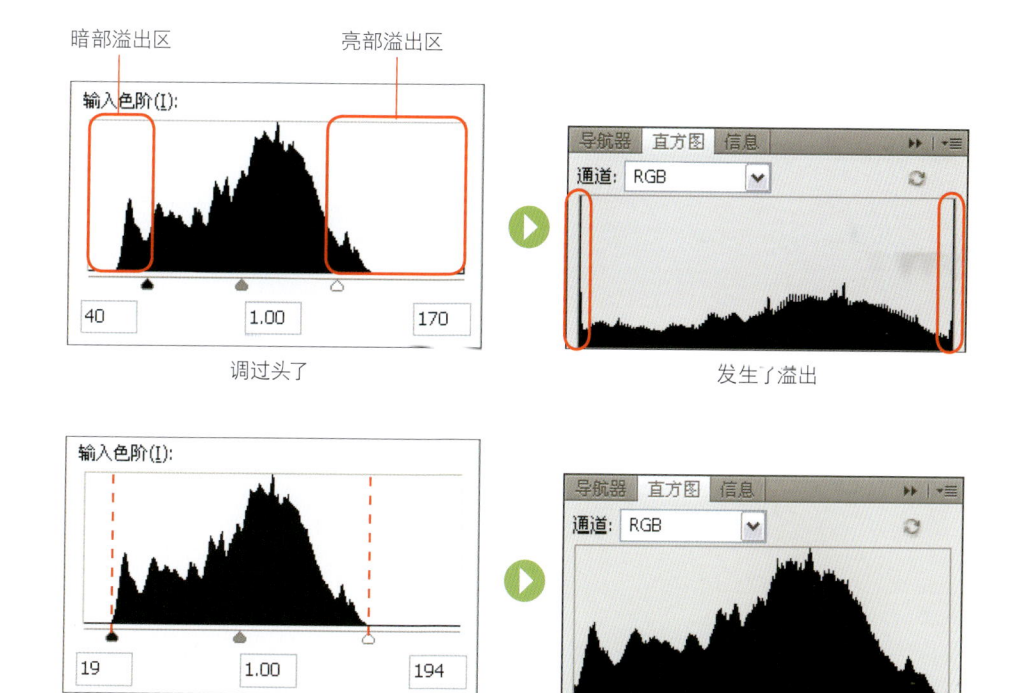

调过头了　　　　　　　　　　　　　　发生了溢出

正确的调法是避免将三角形滑块移入有像素分布的区域

5-6 利用灰色三角形滑块改变中间调的亮度

前面我们都在学习调整**色阶**对话框中的黑色和白色滑块，其实还有一个灰色三角形滑块，可调整中间调的亮度，若将它向右拖拽，中间调会变暗；反之向左拖拽，则中间调会变亮。请进行如下练习。

305-06.jpg

原图

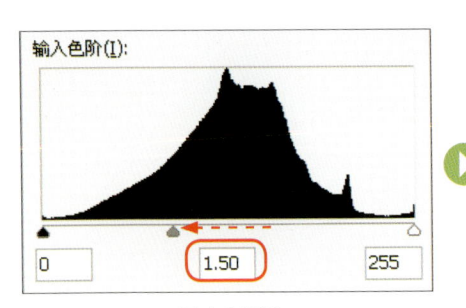

调亮中间调

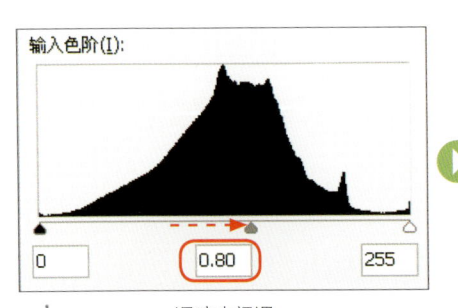

调暗中间调

调整灰色三角形滑块可以改变中间调的亮度，是因为它的左边代表整张相片的暗部，右边则代表整张相片的亮部。当我们将灰色三角形滑块向右移，等于有更多中间调的像素进入暗部(灰色三角形滑块的左边)，因此会变暗；反之向左移时，则让中间调像素进入亮部，因此相片会变亮。

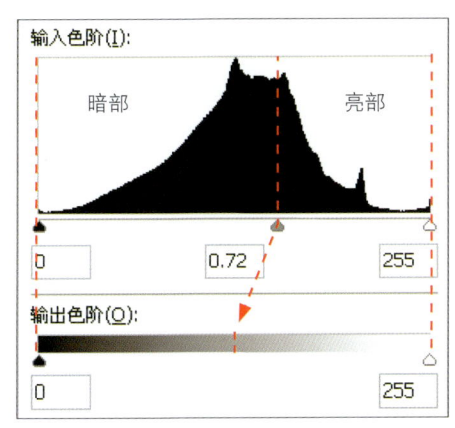

灰色三角形滑块所在的色阶会设定成**输出色阶**区的中间点

至此，我们已经介绍完**色阶**的调整技巧，一般来说，当您从**直方图**判断出相片的问题时，第一步就是要用**色阶**调整曝光度，接着再针对其他的问题进行修正。因此**色阶**的分析和调整工作非常重要，初学者请务必多加练习！

6 将色阶控制在适合印刷及二次编修的范围内

由于大部分的印刷设备无法印出近乎全黑与全白的色阶细节，为了确保相片亮部和暗部的颜色能精确地呈现，将色阶控制在印刷设备的输出范围内便显得格外重要。另外，若将来还有二次编修的可能性（如出售或授权作为商业用途，相片的使用者会依使用目的做调整），一样可利用本单元的技巧通过控制色阶的范围，让相片保持足够的编修弹性。

关于**色阶**功能的基本操作，在前两单元已做了详细的解说，通过移动**输入色阶**的黑、灰与白色滑块，即可改变相片的明暗对比。调整时，**直方图**面板中的色阶分布也会同步更新；灰色区域是调整前的色阶，黑色则是调整后的结果。

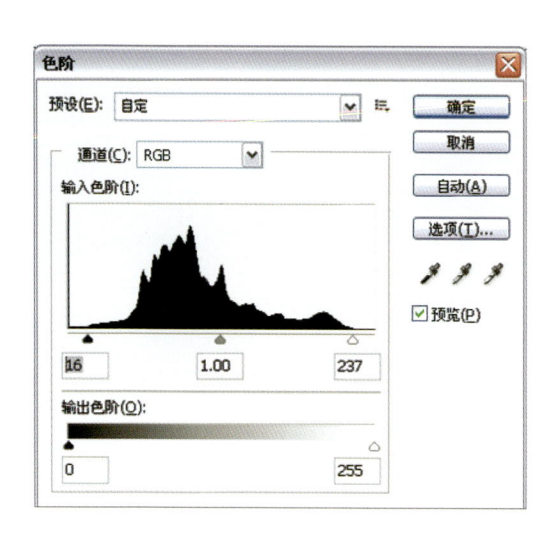

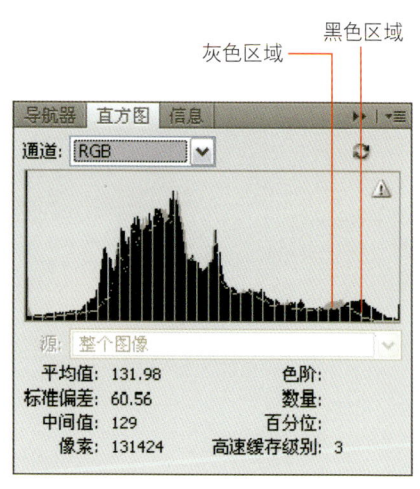

除了调整**输入色阶**之外，您可能还需要更进阶的调整，下面将说明原因及设定方式。

6-1 保留适度的亮部与暗部色阶

考虑到印刷设备的特性及后期处理的弹性，调整色阶时很重要的一点就是不要让亮部与暗部的色阶过度饱和。也就是说，暗部不要调至 0（全黑），而亮部不要调至 255（全白）。这对商业摄影来说是必备的观念之一。

电脑显示器的色域表现力远远超过印刷设备，因此当我们通过电脑调整色阶时，由于可以很清楚地看出色阶差异，经常将亮部与暗部的色阶调至接近边界，甚至超过的状态。但实际上，大部分的印刷设备无法印出近乎全黑与全白 5% 范围左右的色阶细节。

举例来说，即使设定了 5% 左右的灰色，但受限于印刷设备的输出极限，印刷结果看起来与白色并无不同。有鉴于此，在印刷输出前，为了确保亮部与暗部的色阶细节能够据实呈现，务必将色阶分布控制在印刷设备的输出范围之内（第 13～242 色阶）。

避免色阶过度饱满的原因还有一个，您必须考虑到进一步后期制作的可能性。当您将相片交给印刷厂后，为了让印刷品质趋于完美，印刷厂会再对相片做微调（如明暗或色调的调整、细节或轮廓的锐化处理等）；您也可能将相片交给设计师用做平面设计，设计师也会根据设计需求进一步调整相片。

此时，若您的相片已经没有多余的色阶调整空间，不仅让后期处理变得困难，也容易因此产生与预期偏差的印制结果。例如，相片的暗部色阶已经饱和，但有人提出"希望暗部画面的细节更细致"的要求，此时若勉强将暗部调亮，可能会让暗部出现奇怪的颜色，反而破坏了相片的整体美感。

亮部与暗部保持可调整的空间

306-02.jpg

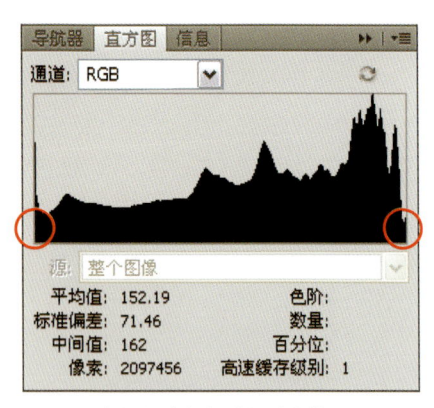

亮部与暗部色阶已过度饱和，
很难再增加更多的颜色细节。

若相片仅供电脑观看或只用一般打印机打印，并不需要特别将色阶控制在 5%～95% 的范围内；倘若会送至印刷厂印刷或交给他人做二次后期制作，则建议遵循不让亮部与暗部的色阶过度饱和的原则。

6-2 利用"输出色阶"将色阶控制在印刷设备的输出范围内

利用**色阶**对话框中**输入色阶**区的黑、灰与白滑块，可调整相片的阶调分布，不过若相片的最终目的是印刷，为了确保相片的色阶细节都能据实呈现，建议利用**输出色阶**区，将色阶分布控制在印刷设备的输出范围内，一般设定值为第 13～242 色阶范围内，但建议您以配合的印刷厂为准，以确保最后的输出品质。

306-03.jpg 306-03A.jpg

调整前 调整后

1 打开相片后，执行"**图像/模式/(16位/通道)**"命令，将相片变成细节更多的 16 位，以减少编修后色阶的破坏。

2 执行"**图像/调整/色阶**"命令打开**色阶**对话框，分别调整**输出色阶**的暗部与亮部，将色阶分布控制在可印刷的范围内。调整好后点击**确定**键。

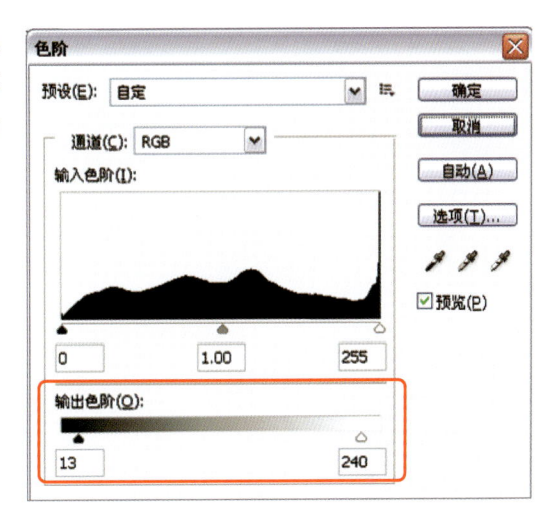

3 请执行"**图像/模式/(8位/通道)**"命令，将相片恢复成 8 位元图像，再执行"**窗口/直方图**"命令，即可查看调整后的结果。

6-3 使用"取样吸管"将色阶控制在印刷设备的输出范围内

如果相片中包含金属反光点等亮部，利用**输出色阶**设定**亮部**，可能会导致反光点看起来灰蒙蒙的，此时建议改用**取样吸管**或**自动颜色校正选项**对话框设定。首先介绍**取样吸管**的设定方法，之后再为您说明**自动颜色校正选项**的设定方法。

1 打开相片后，执行"**图像/模式/(16位/通道)**"命令将相片变成细节更多的 16 位元图像，再执行"**图像/调整/色阶**"命令打开**色阶**对话框，双击**在图像中取样以设置白场键**。

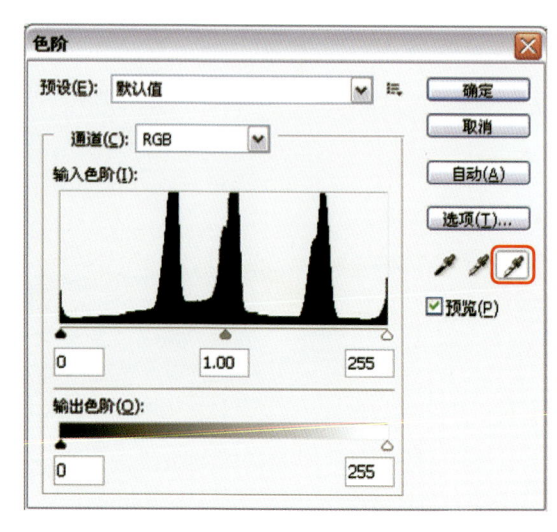

2 在**选择目标高光颜色**对话框中设定最亮点的颜色，如R240、G240、B240，设定好后点击**确定**键。

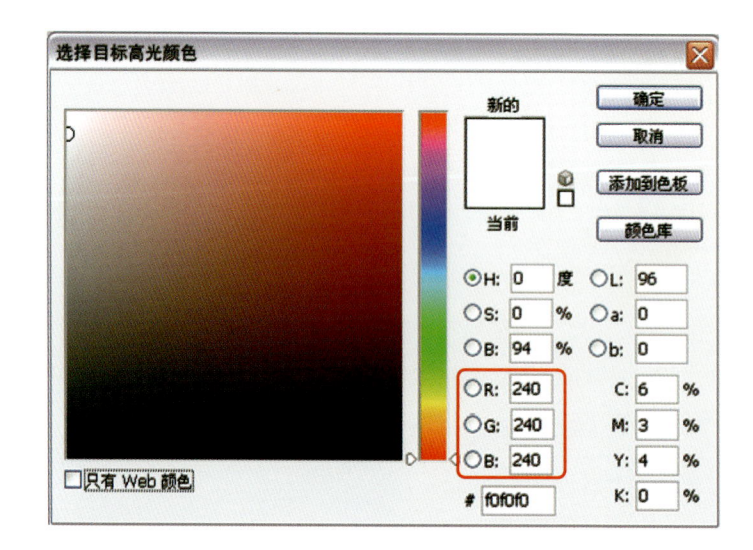

3 将光标移至相片上,在欲设成最亮点的地方点一下,即可发现**色阶**对话框中亮部的色阶向左移了。

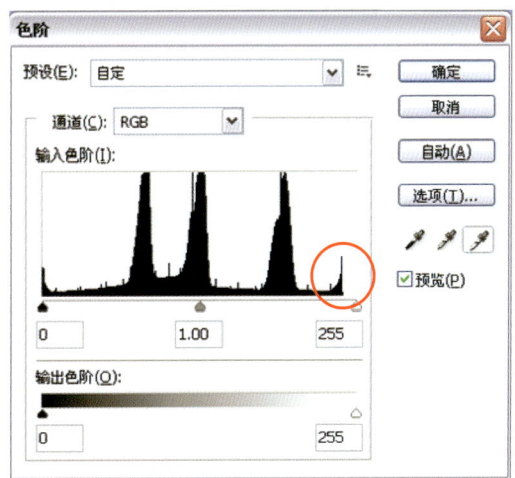

4 要调整暗部的色阶,请双击**在图像中取样以设置黑场**键 ![], 再按照步骤 2~3 的方式设定最暗点的颜色 (如R15、G15、B15),并在相片中欲设为最暗点的地方点一下即可。

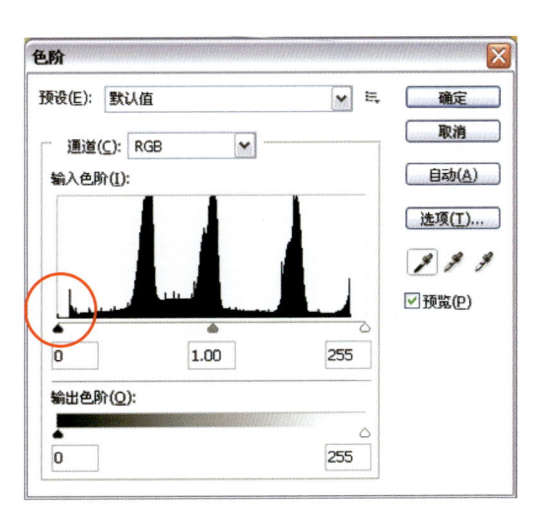

5 点击**色阶**对话框的**确定**键完成设定时，会出现对话框询问是否要将自定的最亮点与最暗点的颜色设为默认值，若需要经常使用此默认值，可点击**是**键，本例请点击**否**键继续。最后执行"**图像/模式/(8位/通道)**"命令，将相片恢复成 8 位元图像即可。

您可打开 306-04A.jpg (用**取样吸管**设定的结果) 及 306-04B.jpg (用**输出色阶**设定的结果)，并请将缩放比例调整至 100% 来做比较，可以看出 306-04A.jpg 金属反光处的色彩表现比较鲜亮，整体对比相对较为明显。

6-4 使用"自动颜色校正选项"对话框将色阶控制在印刷设备的输出范围内

现在示范用**自动颜色校正选项**对话框控制色阶范围的方法，我们先来看看调整前后的差异。

306-04.jpg

306-04C.jpg

调整前　　　　　　　　　　　　　调整后

1 请重新打开 306-04.jpg 并转为 16 位元图像，再执行"**图像/调整/色阶**"命令，点击**色阶**对话框的**选项**键。

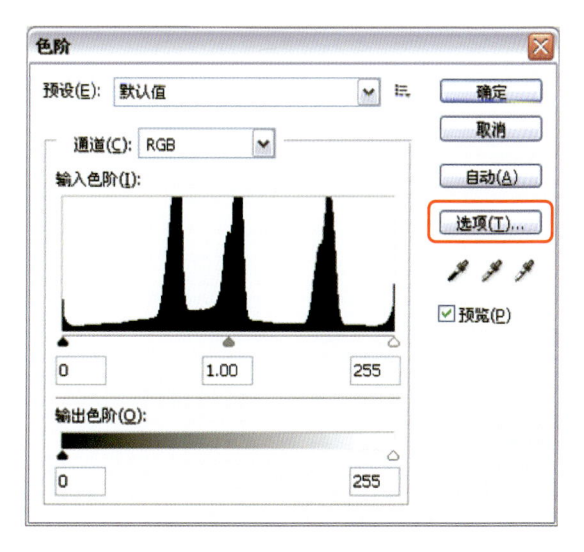

2 打开**自动颜色校正选项**对话框，先分别双击**阴影**与**高光**旁的色块，设定最暗部与最亮部的颜色。本例分别设为 R15、G15、B15 及 R240、G240、B240。

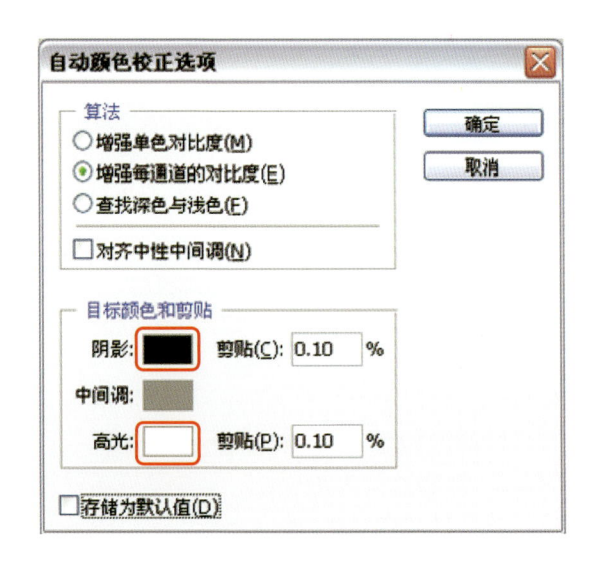

3 再选择颜色的运算方式。将光标移至选项上，会出现提示说明选项的作用，点选后也可观察相片的变化，看结果是否符合需求。这里请选择**增强单色对比度**，选好后点击**确定**键。

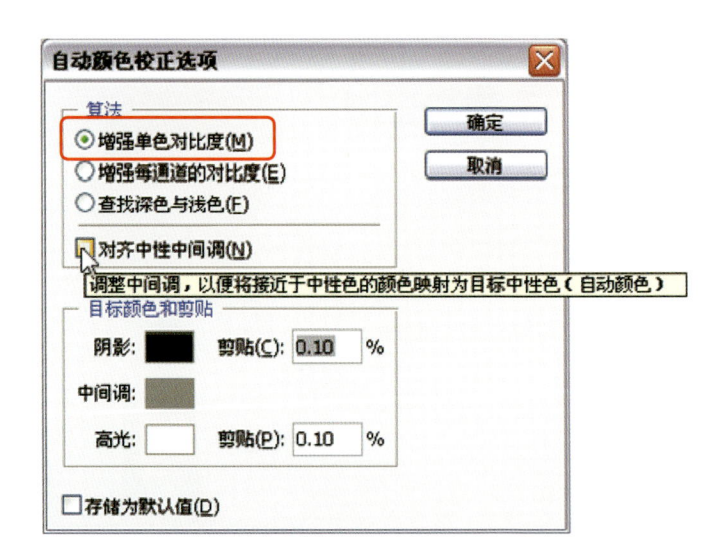

4 点击**色阶**对话框的**确定**键，并将相片恢复成 8 位即完成设定。

7 使用曲线调整相片的亮度

曲线的重要性和**色阶**不相上下，而且**曲线**的功能更强大。在使用**色阶**调整相片时，只能改变相片中最亮、最暗和中间调色阶的亮度；若使用**曲线**调整，则可以用拖拽曲线的方式，更直接地调整每个色阶的亮度。

7-1 曲线功能初体验

我们先体验一下调整**曲线**时会产生的效果，之后再为您说明它的原理。

1 请打开一张相片；然后按下 `Ctrl` + `M` 键 (Windows) / `⌘` + `M` 键 (Mac) (或执行"**图像/调整/曲线**"命令)，即可打开**曲线**对话框。

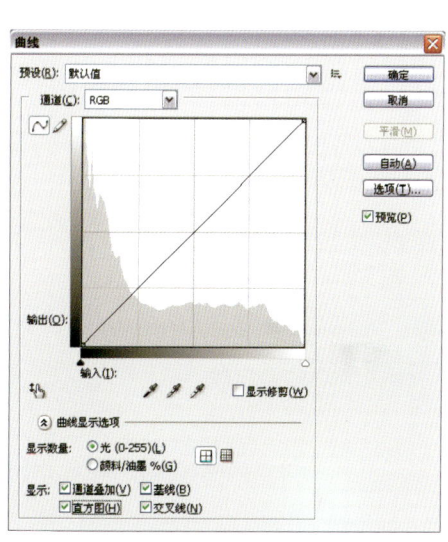

2 目前对话框中有一条黑色的斜线，请按住它的中心点拖拽。向上拖拽时，相片就会变亮；向下拖拽时，相片就会变暗。

81

调亮相片

调暗相片

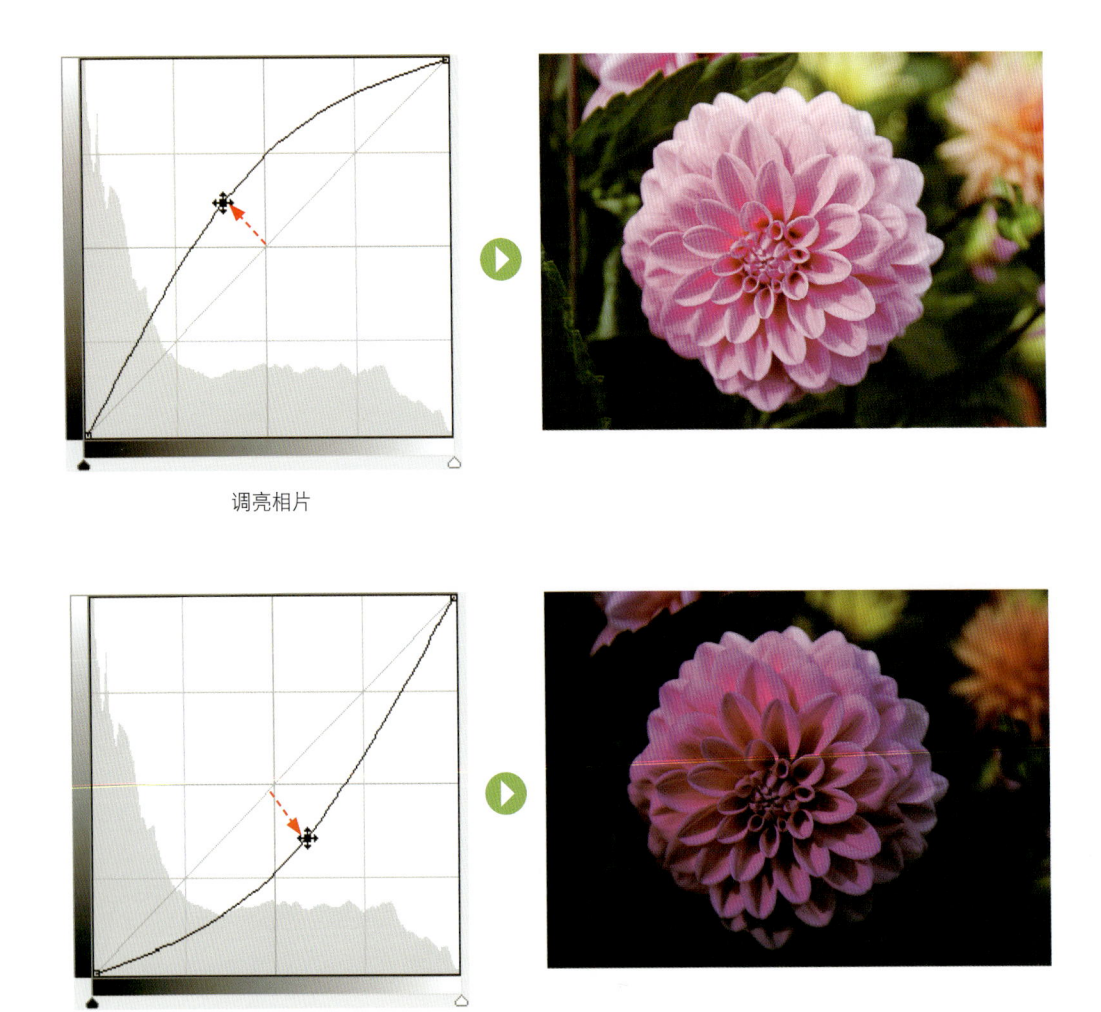

> **TIP** 请勾选对话框中的**预览**项目，以便在相片上同步预览调整的效果。调整时可将**曲线**对话框移到相片旁边，以免挡住相片。如果不小心调坏了，可按住 Alt 键 (Windows) / option 键 (Mac)，再按下对话框的**复位**键，即可将曲线恢复原状。

3 刚刚点击的位置上出现了一个控点，您可以继续在线段上点击，增加更多的控点来拖拽曲线。若有不需要的控点，只要按住它并拖拽至图表范围之外，即可删除。

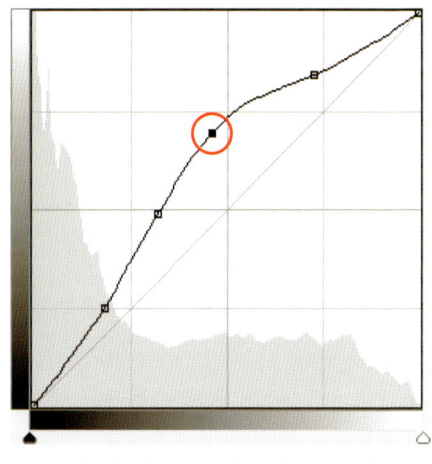

正在拖拽的控点是黑色的，其余则呈白色 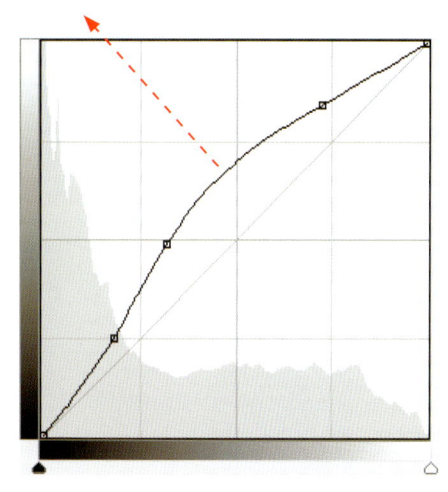　　　　将控点拉出图表范围即可删除

> **TIP** 新增控点是有限制的，除了最左与最右端的预设控点 (不可删除)，我们最多只能再新增 **14** 个控点来调整曲线。

7-2 曲线调整功能的原理

曲线对话框中的 X 坐标就是相片的色阶 (0~255)，而 Y 坐标表示调整后的亮度 (0~255)，如右图所示。

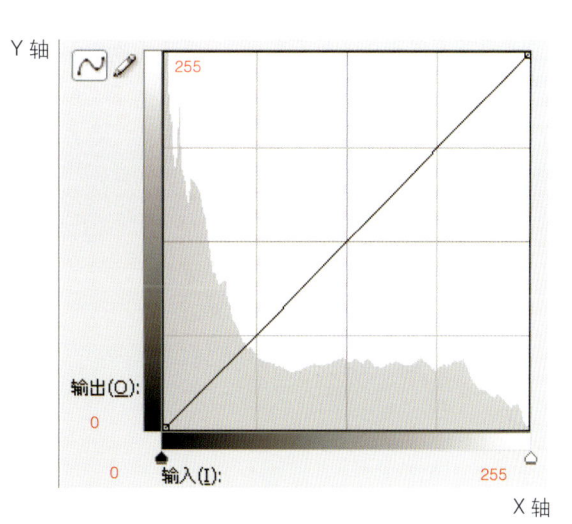

因此，当我们上下拖拽曲线时，会改变各色阶 (X 坐标) 的亮度值 (Y 坐标)，让相片产生明暗变化。您可以从任一色阶 (X 坐标) 画一条垂直线和曲线相交，再画一条水平线对应到 Y 坐标，即可判断该色阶会变亮还是变暗。如下所示。

- **向上弯的曲线**：曲线向上弯时会让相片变亮。例如，从 X 轴的第 150 色阶画线，最后对应到 Y 轴的 200，表示要把第 150 色阶变亮到第 200 色阶的亮度。

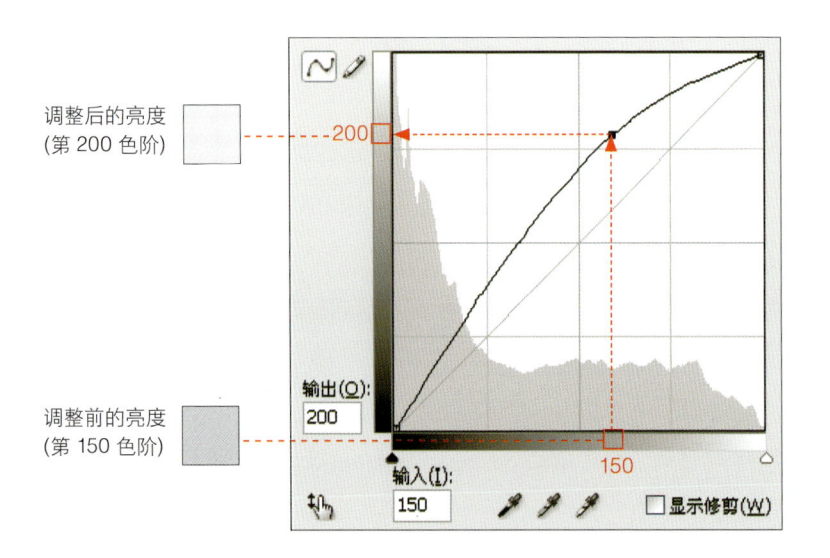

调整后的亮度
(第 200 色阶)

调整前的亮度
(第 150 色阶)

TIP 调整曲线时，**输入**和**输出**栏会显示编辑中控点的 X 与 Y 轴的坐标。您也可在栏中直接输入数值来改变控点的位置。

- **向下弯的曲线**：曲线向下弯时会让相片变暗。例如，从 X 轴的第 150 色阶画线，最后对应到 Y 轴的 100，表示要把第 150 色阶变暗到第 100 色阶的亮度。

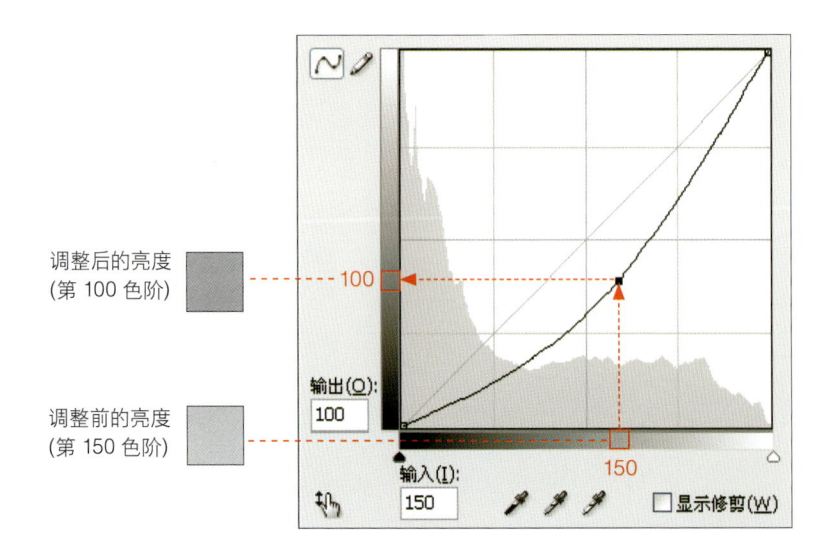

调整后的亮度
(第 100 色阶)

调整前的亮度
(第 150 色阶)

了解了曲线的原理后，回头看初始状态的曲线图，由于尚未进行调整，每一色阶的 X 坐标皆等于 Y 坐标，所以才会呈倾斜 45°的直线。

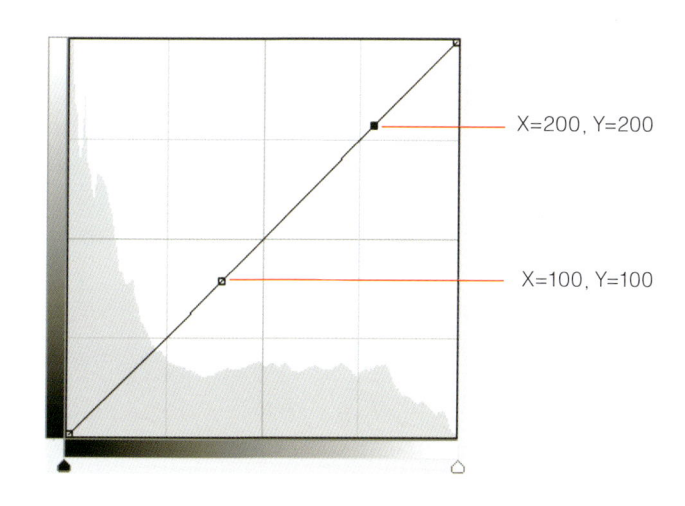

X=200, Y=200

X=100, Y=100

7-3 认识 S 形曲线与倒 S 形曲线

在调整相片时，除了将曲线向上或向下拖拽之外，将曲线拉成 S 形或倒 S 形的技巧也很常用。S 形曲线可以提高相片的对比度，倒 S 形曲线则会降低对比度。以下分别举例说明。

- **S 形曲线**：将中心点右边的曲线向上拉、左边的曲线向下拉，会使亮部 (偏右的色阶) 变得更亮、暗部 (偏左的色阶) 变得更暗，因此能加强对比度。

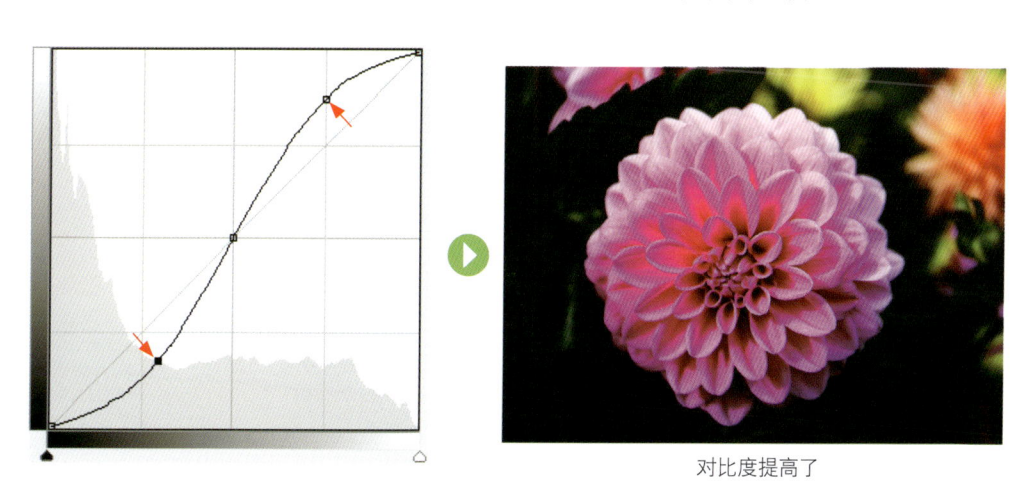

对比度提高了

- **倒 S 形曲线**：与 S 形曲线相反，将中心点右边的曲线向下拉、左边的曲线向上拉，会使亮部变暗、暗部变亮，因此会降低对比度。

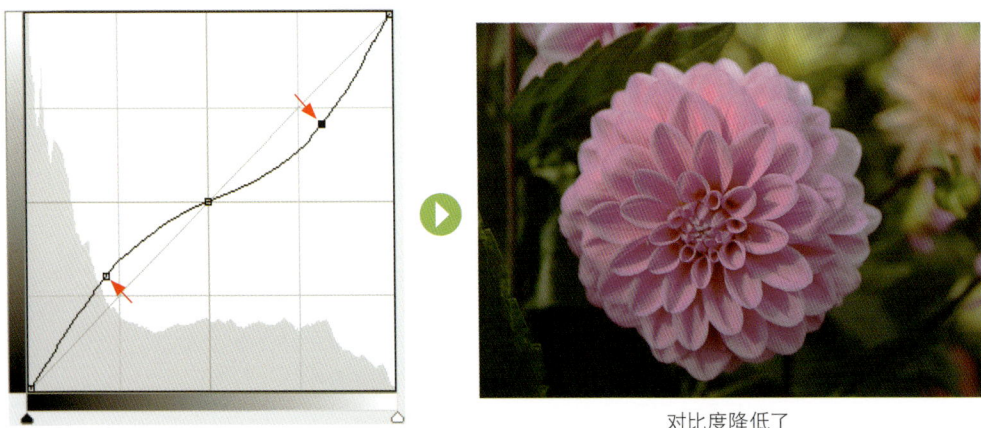

对比度降低了

学到这里，相信您对**曲线**和**色阶**已经有了基本的概念，不过这两项功能都可以调整亮度和对比度，在编修时究竟该选用哪一个呢？下面就为您做个整理。

- **调整中间调的亮度**：建议使用**曲线**功能，可在曲线上增加多个控点来调整中间调的亮度；若使用**色阶**功能，只能调整灰色滑块的位置，变化较少。
- **调整对比度**：建议使用**曲线**功能，可调整的幅度较大。例如，将曲线拖拽成 S 形来提高对比度，这是**色阶**功能很难做到的。
- **调整阴影 (暗部) 和亮部**：若处理亮部不够亮或暗部不够暗的相片，则建议使用**色阶**对话框的黑色和白色滑块控点来调整，您可以参考本章第 5 单元的说明。

7-4　更直观化的曲线编辑技巧

在调整曲线时，有时光看相片很难判断想调整的部分到底属于哪个色阶，该在哪里增加控点？这时可点击**曲线**对话框中的 键，直接在相片上拖拽，即可改变拖拽处的亮度。请打开 307-02.jpg 练习。

1 点击 键，光标会变成吸管状，将吸管移至相片上要调整的位置，就会在曲线上显示该色阶的位置。例如，我们要调亮相片中的枫叶，先将光标移至有枫叶的位置。

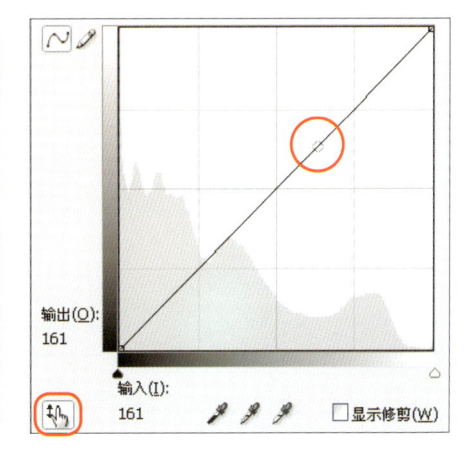

> **TIP** 调整时，建议您将**曲线**对话框与相片并排放置，以方便对照。

2 选定位置后，在相片上按住鼠标左键上下拖拽，对话框的曲线就会随着拖拽方向进行调整。

在枫叶位置按住鼠标左键
向上拖拽，相片就变亮了

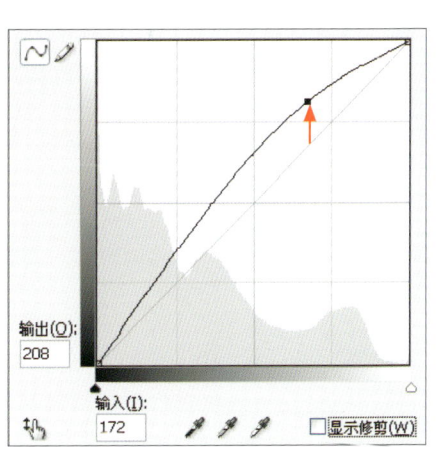

3 您可以继续将光标移至相片上的其他位置来做调整。例如，我们想加深相片背景处的阴影，让枫叶更抢眼，可进行如下操作。

在背景处按住鼠标左键向下拖拽

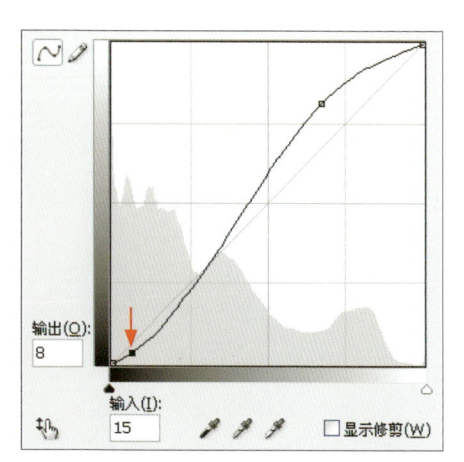

4 若不满意调整结果，随时可复原曲线或按下 `Ctrl` + `Z` 键 (Windows) / `⌘` + `Z` 键 (Mac)，回复原状再重新拖拽。调整完成后，点击对话框的**确定**键即可。

307-02A.jpg

在您熟悉使用**曲线**调整亮度之后，可继续学习其他的应用方式。例如，**曲线**功能也可用来调整照片的色彩，我们将在下一单元中为您介绍。

8 曲线调整实践

学会**曲线**的基本功能后，本单元再为您介绍几种常见的曲线调整技巧，包括软/硬色调的曲线、增加/降低对比度的曲线、重现暗部/亮部色调的曲线及可强化特定色调的曲线，这些都是摄影者在编修相片时很常用的技巧，您也可以将这些手法应用在自己的相片上，创造出不一样的风格。

8-1 以软/硬色调的曲线营造柔和或强烈的相片风格

许多摄影者会将相片调整成很强烈或很柔和的风格，一般我们称为**硬色调**或**软色调**。当相片的色彩饱和度与对比度很高，看起来每种颜色都很强烈，就属于**硬色调**；反之，当相片的色彩饱和度与对比度很低，看起来每种颜色都很柔和，则属于**软色调**。这两种风格都可以利用**曲线**来创造，以下分别为您介绍。

以硬色调的曲线营造强烈风格

硬色调的曲线可以将相片调整成色调浓郁且轮廓鲜明的风格，下面以 308-01.jpg 为例，相片中天花板的线条和地板的几何图案都有些模糊，颜色也不太抢眼，经过调整后，线条和造型就会变得很鲜明，颜色也比较饱和。

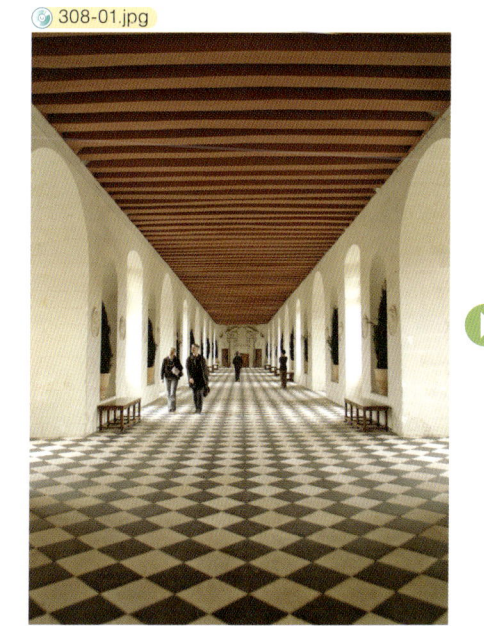

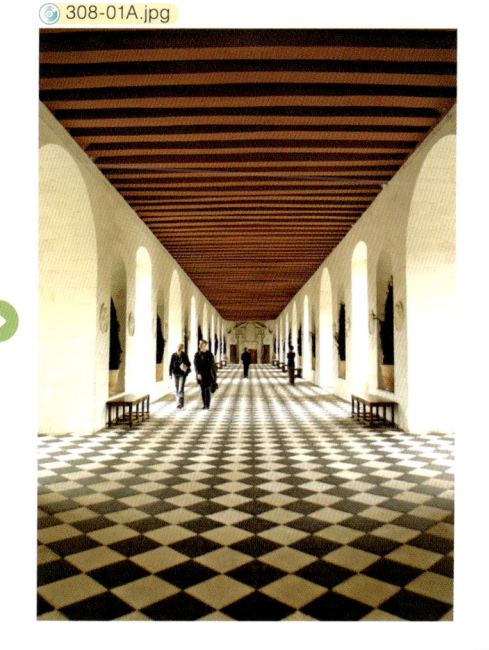

308-01.jpg　　308-01A.jpg

请执行"**图像/调整/曲线**"命令，将曲线上第 0 色阶的控点右移 (如图中 A 点)，第 255 色阶的控点左移 (如图中 B 点)，让曲线呈较陡的斜线状，即完成调整。

> **TIP** 曲线图下方的黑色滑块代表第 0 色阶，白色滑块代表第 255 色阶，若左右拖拽它们，也可改变控点的位置。

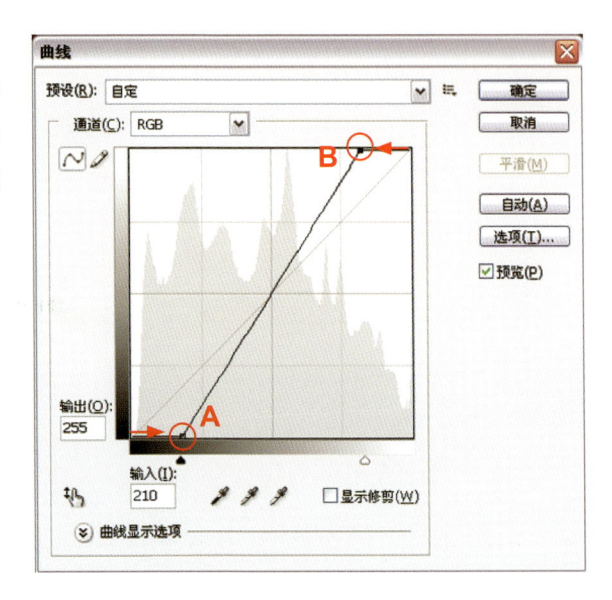

这种调整方式等于缩小了相片的动态范围，因此亮部会更亮，而暗部会更暗，营造出超高对比的**硬色调**效果。不过在拖拽控点时，分布在黑色滑块左边与白色滑块右边的像素都会发生溢出，使相片丧失许多细节，其**直方图**如下。

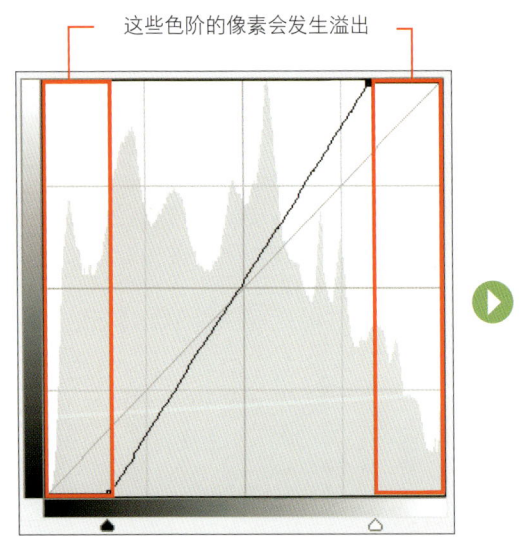

这些色阶的像素会发生溢出

调整后，亮部与暗部都发生了溢出

以软色调的曲线营造柔和风格

与硬色调相反，**软色调**的曲线可以将相片调整成柔和且朦胧的风格。以 308-02.jpg 为例，原本城堡的轮廓很鲜明，调整后就像加上浓雾一般，增添了几许神秘感。

308-02.jpg 308-02A.jpg

请执行**"图像/调整/曲线"**命令，将曲线上第 0 色阶的控点上移（如图中 A 点），第 255 色阶的控点下移（如图中 B 点），让曲线呈较平缓的斜线状，如右图所示。

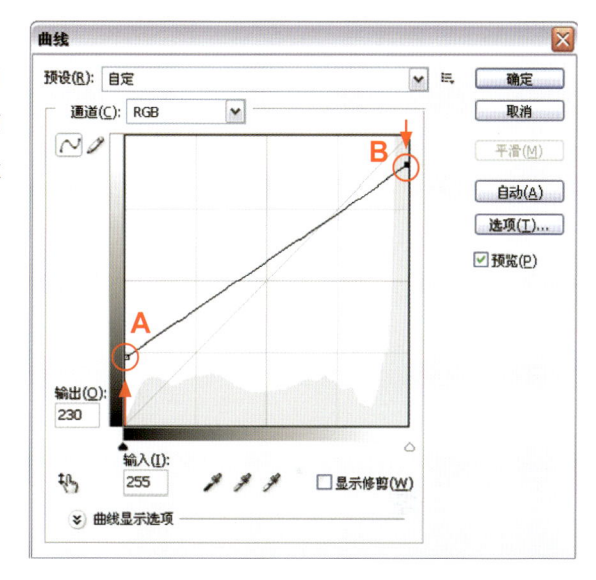

这种调整方式会降低亮部的亮度及提高暗部的亮度，营造出低对比度的软色调。不过由于相片失去了最亮和最暗的像素，同样会丧失许多细节，其**直方图**如右图。

用上面两种方法调整时，由于变更了相片中最亮与最暗的像素，虽然效果很显著，但都会丧失大量的细节。若您只想改善对比度，不需要达到这么极端的效果，请参考下面的做法。

最左边（最暗）和最右边（最亮）的色阶都没有像素分布。

8-2 利用 S 形与倒 S 形曲线增、减相片的对比度

上一单元曾介绍过 S 形与倒 S 形曲线，这种调整方式的好处是可以同时改变相片的对比度，但在调整时最亮点与最暗点的亮度不变，因此不至于丧失过多的细节。下面就来看看调整的实例。

利用 S 形曲线提高对比度

以 308-03.jpg 为例，由于起雾的缘故，相片看起来灰蒙蒙的一片，我们就利用 S 形曲线提高其对比度，让景物变得更清晰。请执行 **"图像/调整/曲线"** 命令，如右图做调整。

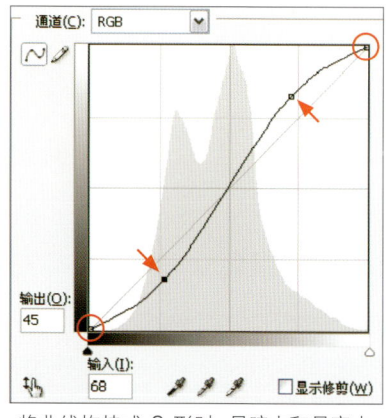

将曲线拖拽成 S 形时，最暗点和最亮点 (图中加圈处) 的位置不变。

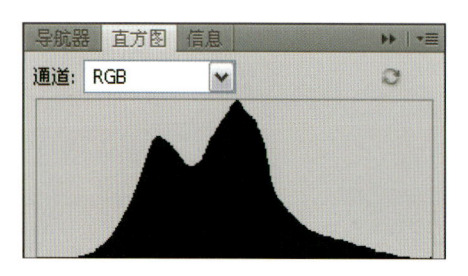

由调整后的**直方图**可以发现，由于最亮点和最暗点不变，不易造成溢出现象。

利用倒 S 形曲线降低对比度

对比太强烈的相片，可能会因为亮部太亮、暗部太暗而损失细节。以 308-04.jpg 为例，阳光照射处与阴影处的对比过于强烈，几乎看不到暗处的建筑物细节。这时可将曲线调整成倒 S 形，稍微降低对比度，如右图所示。

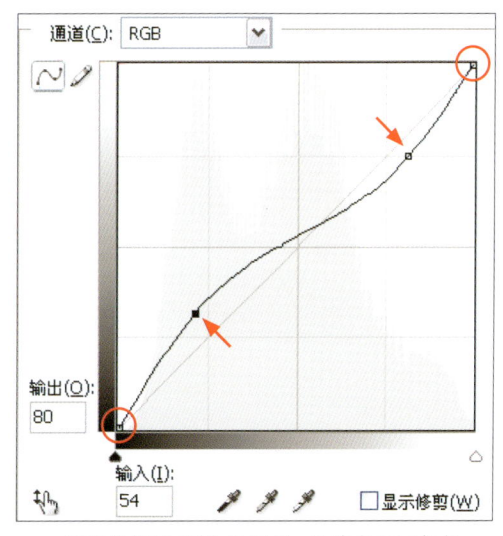

将曲线拖拽成倒 S 形时，最暗点与最亮点（图中加圈处）的位置不变。

○ 308-04.jpg

○ 308-04A.jpg

8-3 利用曲线重现相片暗部和亮部的色调

有时候，相片中只有局部发生过亮或过暗的情况。例如，背光的人像相片阴影可能会偏暗，但其他部分的亮度正常；打开闪光灯拍摄的相片，距离闪光灯较近的部分可能会太亮。这时只需要单独加亮暗部或单独加深亮部，即可重现这些地方的细节。调整相片整体的亮度后，我们还可切换到不同通道去调整曲线，让色调更自然。

重现相片暗部的色调

以 308-05.jpg 为例,这是一张逆光的人像照,其左脸阴影处的细节不太明显,下面就利用**曲线**重现其暗部的色调。

1 请执行"**图像/调整/曲线**"命令,为了单独调亮暗部,我们要先在亮部增加控点(如下图 A 点),使亮部的曲线固定不动,然后再拉高暗部的曲线(如下图 B 点)。

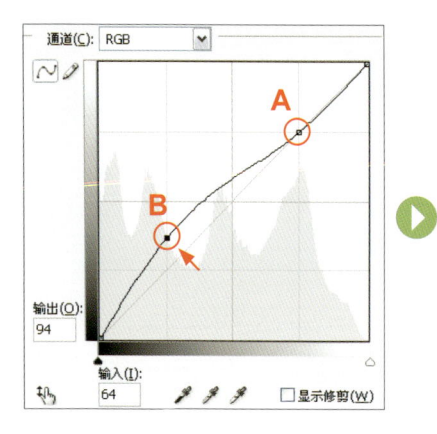

目前的调整效果(请先不要点击对话框的**确定**键)

2 左脸虽然变亮了,但肤色有些偏黄,为了让人像的肤色看起来更白皙,我们可利用**曲线**对话框上方的**通道**列表,切换到**蓝**(黄色的补色)通道与**红**通道来微调曲线,以修正肤偏色黄的现象。

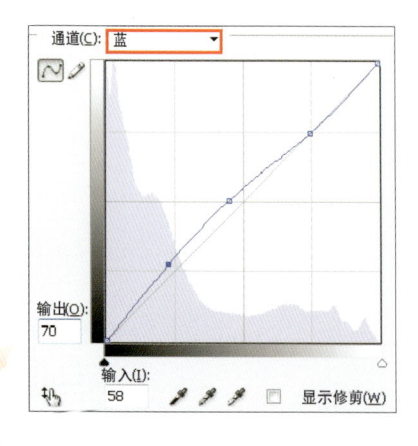

如图调整好后，请点击**确定**键

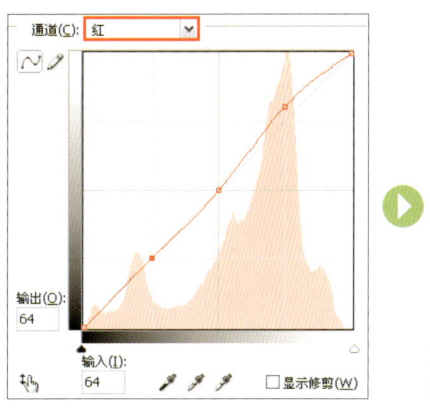

认识"色轮"与"补色"

本章第 4 单元在介绍**通道**时曾提过，RGB 相片的色彩是由**红** (R)、**绿** (G)和**蓝** (B) 3 种色光叠加及混合而成的。如右图所示，红色光加绿色光会混合出黄色光，绿色光加蓝色光则变成青色光……，所有色彩的混色关系可用右下图的**色轮**来表示。

补色是指在色轮上位于对角线位置的两种颜色，彼此之间具有互补关系，若增多其中一方，另一方就会相对减少。例如，增加蓝色，就会减少黄色；增加青色，就会减少红色等。我们可以将这个概念运用到调整相片上。例如，要增加红色时，可直接增加红色的比例或降低其补色 (青色) 的比例，都可达到相同的目的。

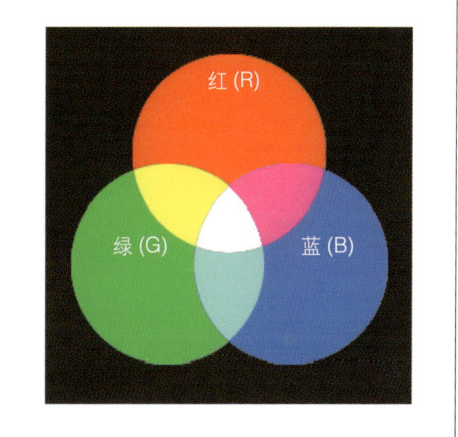

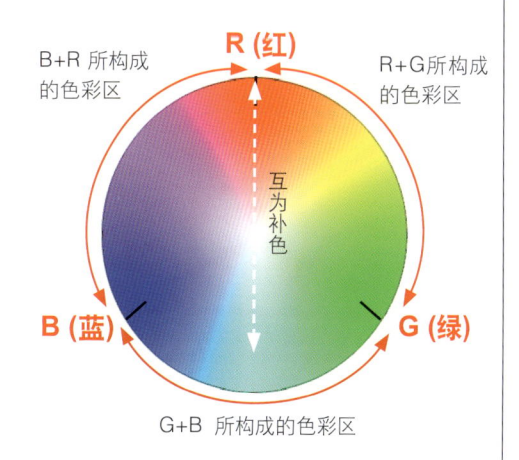

曲线调整实践 8

重现相片亮部的色调

若要重现相片亮部的色调,方法则与上文相反,应固定住暗部的曲线,再拉低亮部的曲线。以 308-06.jpg 为例,相片中的人像曝光过度,因此肤色泛白,衬衫的细节也不明显,请执行**"图像/调整/曲线"**命令,进行如下调整。

🔗 308-06.jpg

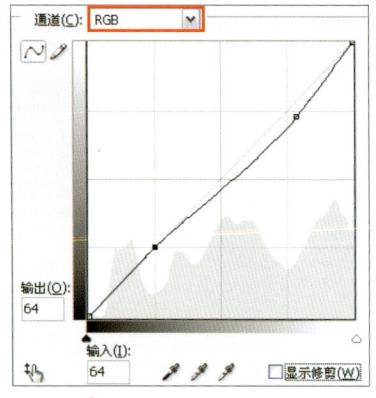

1 将整体的亮部略微调暗,改善过曝。

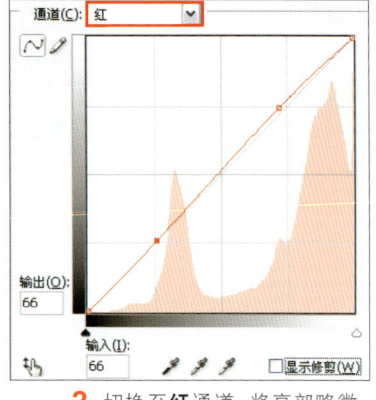

2 切换至**红**通道,将亮部略微提升,让脸色较红润。

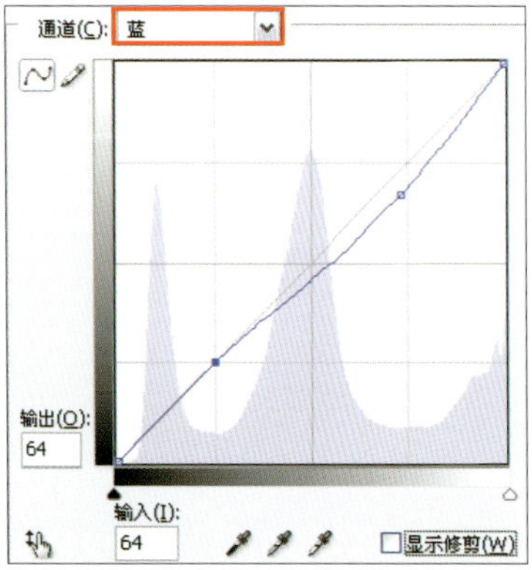

🔗 308-06A.jpg

3 切换至**蓝**通道,降低亮部的蓝色成分,使肤色更自然,然后点击**确定**键。

肤色比较健康,衬衫的细节也变得更明显了。

8-4 利用曲线强调相片中的特定色彩

有时为了表现特殊的气氛，我们会强调相片中特定的色彩，使相片染上某种色调。要制造这种效果，您可以直接拉高该通道的曲线或降低其他两色通道的曲线，若两种方法都采用，效果会更明显。以 308-07.jpg 为例，这是一张日落的相片，不过天空的颜色不够漂亮，我们要利用曲线为天空染上红色的晚霞。

308-07.jpg

1 请执行**"图像/调整/曲线"**命令，切换至**红**通道并拉高曲线，则天空会被染红，而且相片也会变亮。

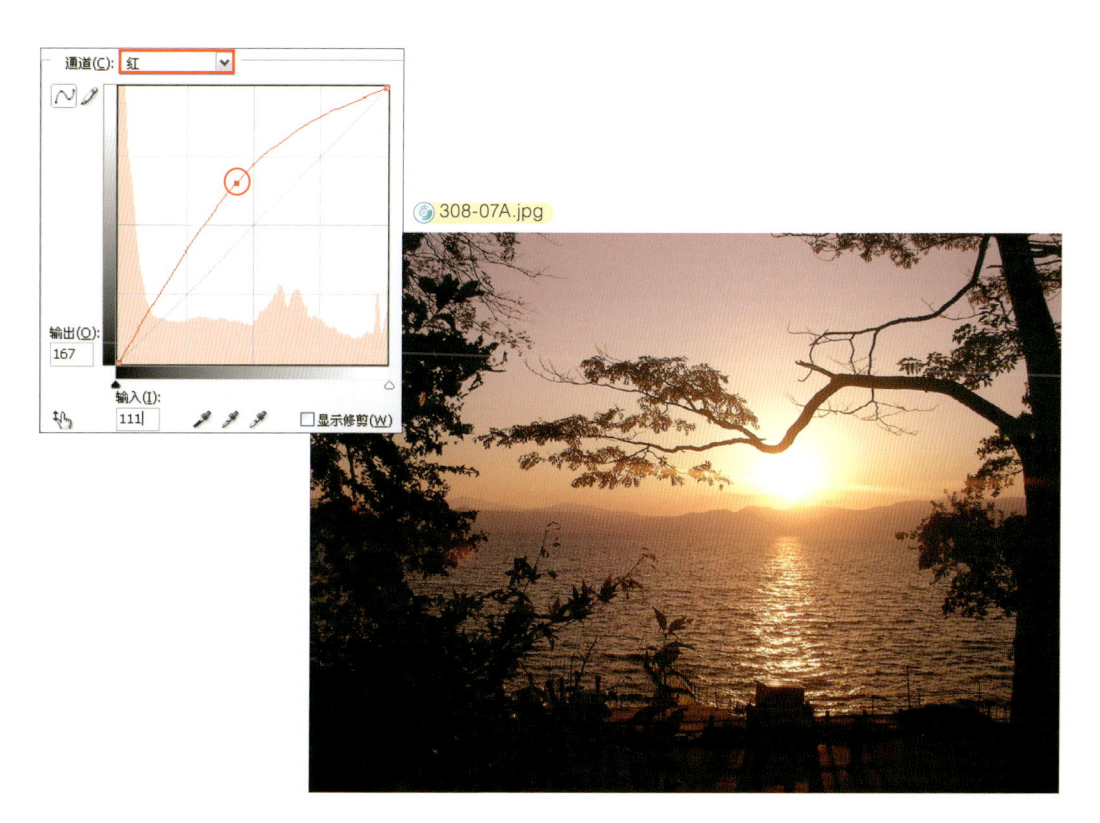

308-07A.jpg

2 分别切换至**绿**通道与**蓝**通道拉低曲线，可加强红色，而且相片会变暗，让相片的整体色调更有层次感。

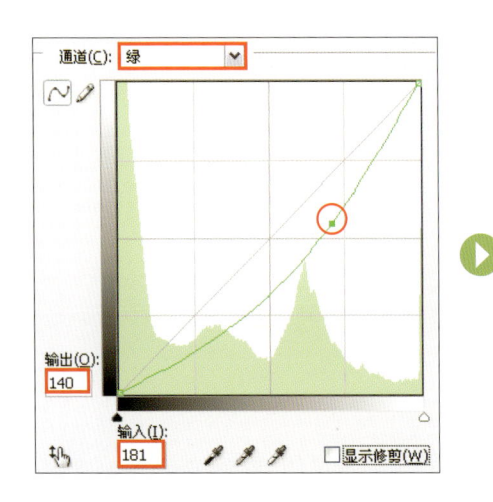

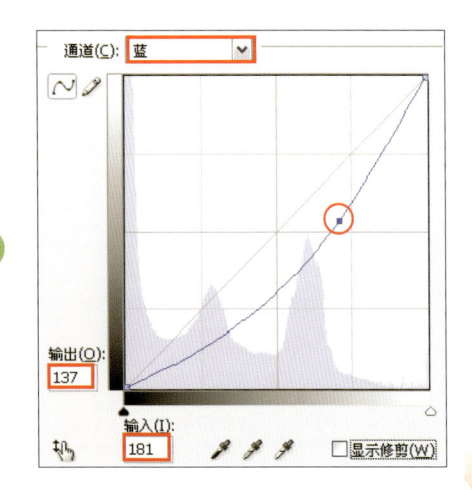

9 修正相片的偏色问题

数码相机虽然有自动设定白平衡的功能，但并非每次都能准确地获取现场的实际光源；即使根据现场环境实际进行测光，但来自环境光源的色彩反射等因素，也可能导致相片出现无法预期的偏色问题。别急着放弃这些相片，本单元将示范多种修正相片偏色问题的方法，并说明如何灵活运用**动作**面板及**批处理**功能，快速修正所有具相同偏色问题的相片。

9-1 利用"曲线"功能修正偏色

曲线除了可调整 **RGB** 通道外，还可以分别针对**红**、**绿**和**蓝**通道做调整，非常适合用来修正相片的偏色问题。请打开 309-01.jpg 这张相片，由于现场使用暖色灯光，导致人物的肌肤偏黄，欠缺粉嫩的肤质，下面就利用**曲线**功能修正偏黄现象，让人物呈现白皙肤色。

309-01.jpg　　　　　　　　　　309-01A.jpg

摄影：张宇翔

修正前　　　　　　　　　　修正后

1 执行"**图像/调整/曲线**"命令打开**曲线**对话框，切换到**红**通道，如图向下拖拽曲线，修正偏红的现象。拖拽曲线时别忘了同时查看相片，以免调过头。

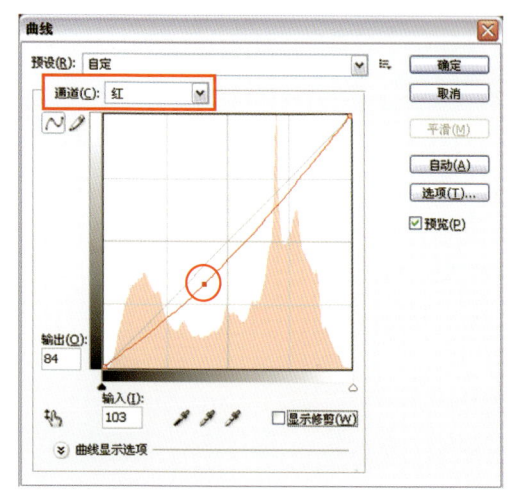

2 接着要修正偏黄的部分，由于黄色的补色是蓝色，因此可切换到**蓝**通道来修正。如图向上拖拽曲线，修正偏黄的现象。

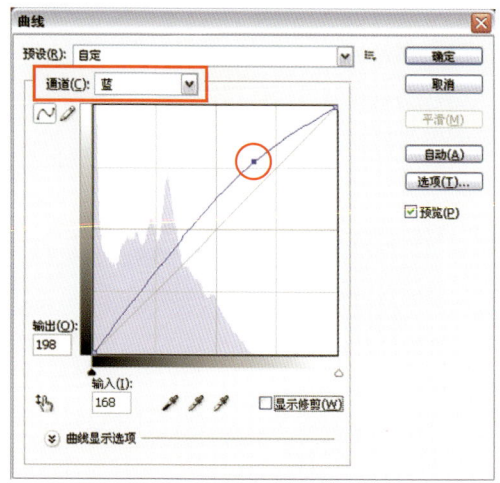

3 最后请切换到 **RGB** 通道，如图向上拖拽曲线，让整张相片变得较为明亮。若有需要，此时还可再切换至**红**通道与**蓝**通道做微调，调出满意的结果后，按下**确定**键即完成设定。

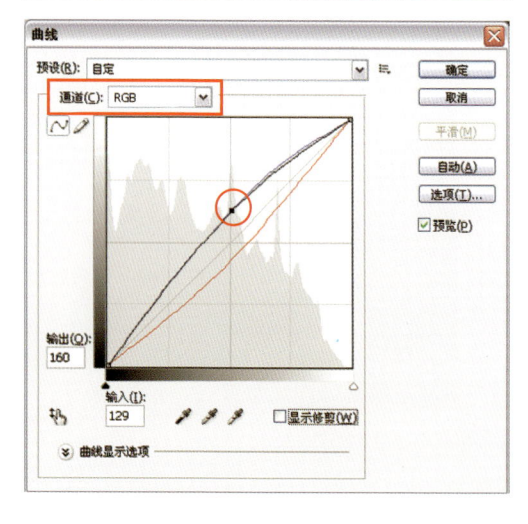

9-2 利用"色彩平衡"功能修正偏色

要确认相片有没有偏色,最简单的方法就是观察相片中应该是白色、接近白色或灰色的区域,如白色的墙壁与灰色的路面与石头等,假如这些区域看起来带有蓝色或黄色,就可判断为偏色的相片。不过光用眼睛看并不准确,而且每台电脑显示器的色彩也不太一样,所以我们要利用**信息**面板中的色彩值来做客观地判断,并利用**色彩平衡**功能针对颜色之间的平衡度做调整。

309-02.jpg   309-02A.jpg

修正前   修正后

1 首先利用**吸管工具**来获取相片像素的 RGB 数值。点击**吸管工具**后,先于**选项**面板下拉**取样大小**列表中选择 **5 × 5 平均**,以避免相片的噪点影响拾色结果。

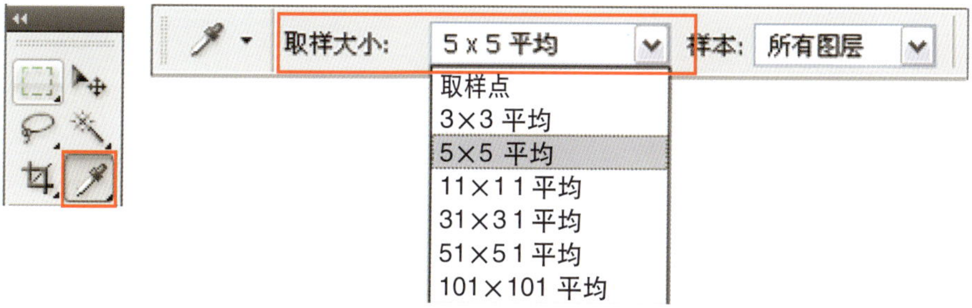

2 执行"**窗口/信息**"命令打开**信息**面板，以查看探取颜色的数值。请用**吸管工具**探取相片正中央应为中间调的玻璃摆饰，在**信息**面板中可看到 B 值比 R、G 数值低许多，可确定相片有黄色偏色的问题。

```
导航器  直方图  信息
  R:  209        H:  48°
  G:  188        S:  49%
  B:  107        B:  82%
  8位
  X:  2.835      W:
  Y:  2.293      H:
```

> **TIP** 黑色、灰色和白色都属于无色彩，这些区域的 RGB 色彩值应该是相等的，如果有某个通道的数值明显太高，就可以据此判断出有偏色问题。检测偏色时，请避开相片中的反光点，因为反光点会呈全白 (R255、G255、B255) 或接近全白，较难依此分辨出是否存在偏色问题。

3 请执行"**图像/调整/色彩平衡**"命令打开**色彩平衡**对话框，其中包含 3 组滑块，当需要增加哪一种颜色时，便将滑块向该颜色拖拽，而调整后另一端的互补色便会相对减少。另外，在开始调整滑块前，请在**色调平衡**区选择要变更的色阶范围。例如，要调整亮部，就点选**高光**。

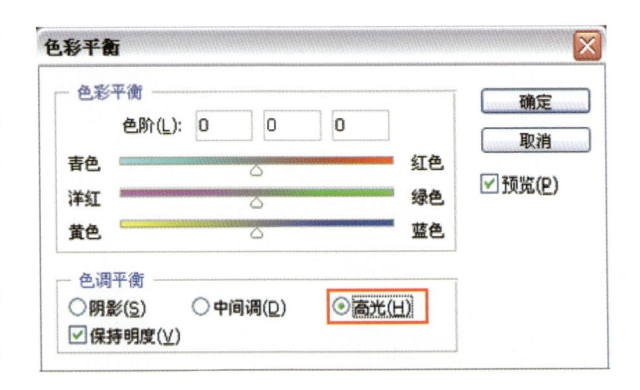

4　由于相片偏黄，所以将**黄色/蓝色**滑块向右拖拽，增加蓝色以减少互补色黄色的量，借此达到色彩平衡的状态。调整时可随时使用**吸管工具** 探取步骤 2 测试的位置，观察调整前后 RGB 数值的差异变化。

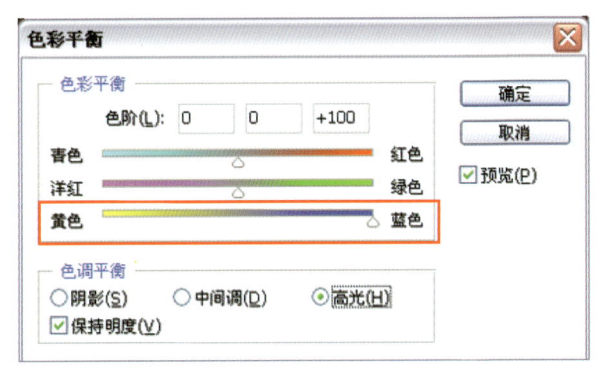

5　必要时也可拖拽其他两个滑块来修正 RGB 数值的差异。上一步已将**黄色/蓝色**滑块拖拽至极限的位置，但 R、G 的数值仍然较高，可改为减少红色和绿色，甚至可再进一步回头调整**黄色/蓝色**滑块，以达到色彩平衡的状态。

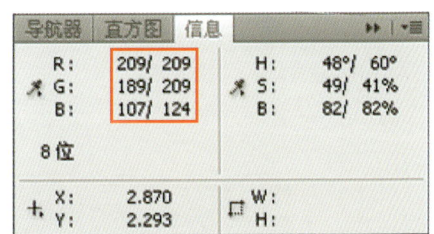

色彩的情境

　　在判断相片是否有偏色的问题时，应该将整张相片所表现的情境考虑在内。例如，为了让食物看起来更美味，多会让相片呈现暖黄色调，这时可保留适度的偏色，不用完全修正，以免失去相片原有的特色或魅力。

虽然是偏暖的黄色调,但食物看起来更可口。 　　　　　将白色盘子的 RGB 值调一致后,食物的美味度反而下降了。

9-3 修正中间调色彩来消除偏色

使用**色彩平衡**来校正偏色,不仅需要运用色彩互补的观念来选择颜色,还得依赖个人的视觉感受来平衡画面色彩,常常要经过反复测试后才能获得比较满意的效果。这里要示范另一种寻找相片中间调的方法,来更准确地消除偏色。

309-03.jpg　　　　　　　　　　　　309-03A.jpg

修正前　　　　　　　　　　　　修正后

1 执行"**窗口/图层**"命令打开**图层**面板,点击**创建新图层键** 新建一个图层,再执行"**编辑/填充**"命令,下拉**使用**列表,选择 **50% 灰色**项目后按下**确定**键,将新建的图层填充 50% 的灰色。

呈蓝色表示它为作用中图层

2 请变更**图层 1**(填充 50% 灰色的图层)的**混合模式**为差值。

3 点击**图层**面板下方的**创建新的图层**键，执行"**阈值**"命令新建**阈值**调整图层。将滑块调整至最左边，使相片变成全白，再将滑块慢慢向右移动，同时仔细观察相片的变化，最先出现黑色的地方就是中间调区域。

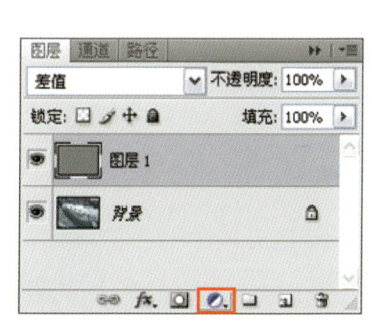

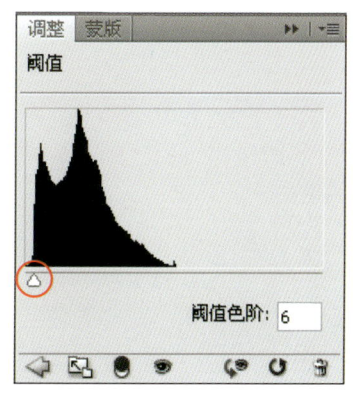

TIP 调整图层的说明及应用请参考本章第 11 单元。

4 请点选**工具**面板的**吸管工具**展开工具组，选择**颜色取样器工具**，再在相片中黑色的地方点一下，就可以将中间调所在的位置标注出来。

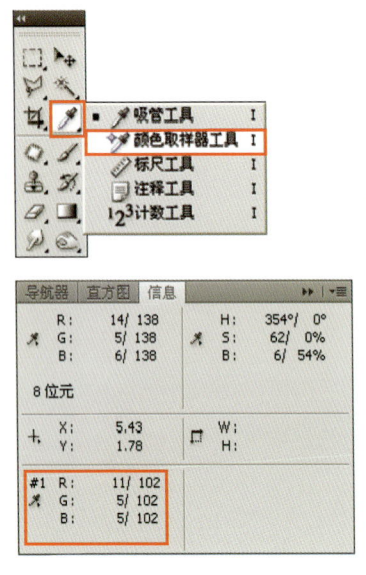

5 设置好中间调的位置后，**图层 1** 与**阈值**调整图层就不需要了，请按住 Ctrl (Windows)/ ⌘ (Mac) 同时选取这两个图层，再点击**删除图层**键 🗑 删除。

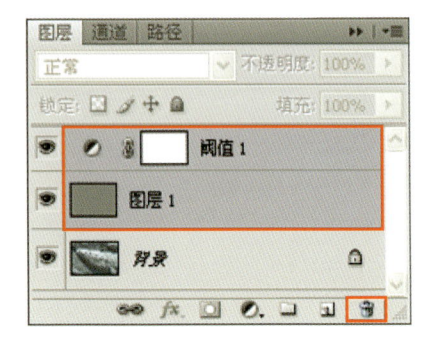

6 执行"**图像/调整/曲线**"命令，先按下**曲线**对话框中的**在图像中取样以设置灰场**键，再于相片中刚刚设置的中间调位置点一下，即可看见调整后的效果。最后别忘了点击**曲线**对话框的**确定**键。

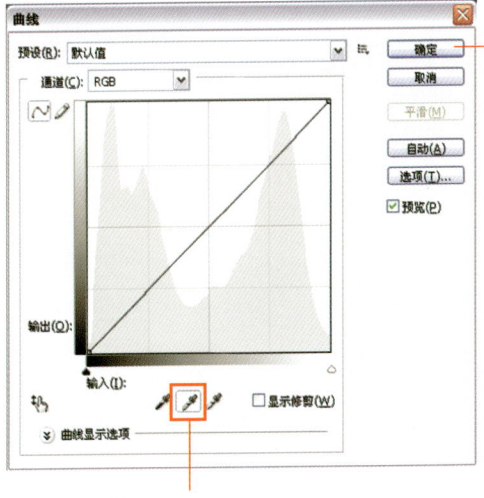

3 点击此键

2 点击此处即可修正偏色

1 点击此吸管

9-4 同时修正偏色及明暗对比问题的技巧

如果想在修正偏色的同时,也顺便改善相片的明暗对比,您可以试试下面的方法。以 309-04.jpg 这张相片为例,图像不仅明显偏红,还缺乏明暗对比,以下就来改善这两个问题。

309-04.jpg

309-04A.jpg

修正前

修正后

107

1 首先要找出相片中的最暗点与最亮点。请执行**"图像/调整/阈值"**命令打开**阈值**对话框，将滑块拖拽至最左边，使相片变成全白，再慢慢向右拖拽滑块，同时仔细观察相片的变化，最先出现黑色的地方就是最暗点。请先按住 Shift 键再点选黑色区域，将最暗点的位置标注出来。

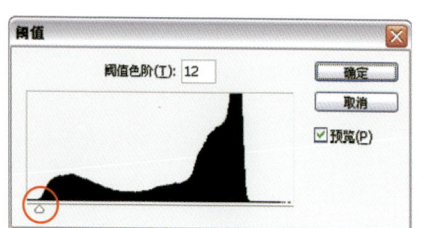

2 将滑块拖拽至最右边，使相片变成全黑，再慢慢向左拖拽滑块，相片中最先出现白色的地方就是最亮点。先按住 Shift 键再点选白色区域，将最亮点的位置标注出来，再点击**取消**键关闭**阈值**对话框。

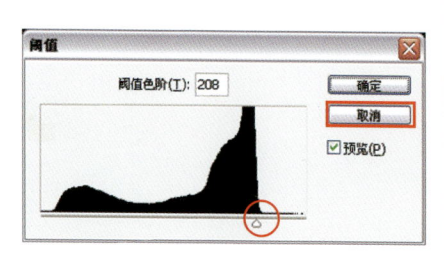

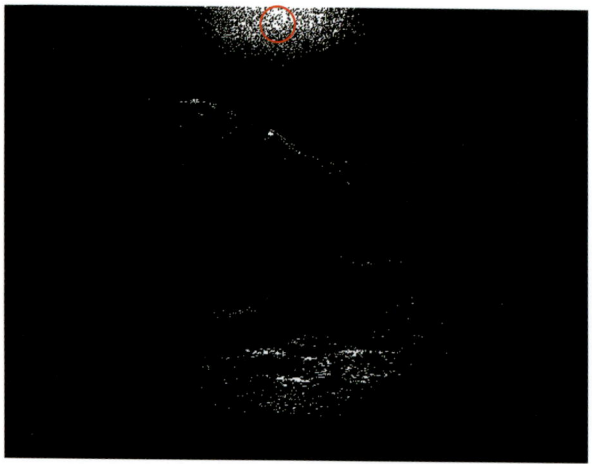

3 然后要找出相片中的中间调。请执行 **"图像/调整/曲线"** 命令打开**曲线**面板，然后一边在相片中按住鼠标左键移动光标，一边观察曲线上空心圆的位置，当空心圆位于曲线正中间的位置时，表示光标所在的地方就是中间调，此时可按住 Shift 键再点选该处加以标注。

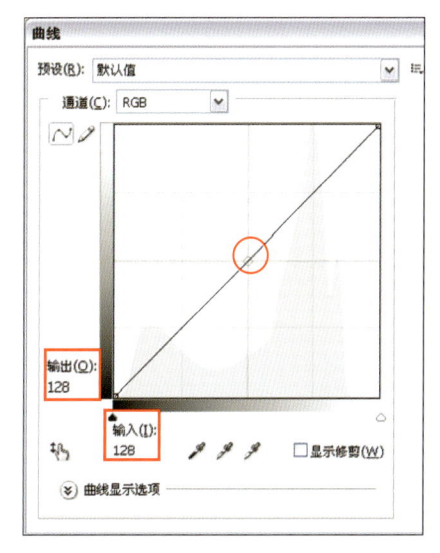

TIP 如果画面中没有明显的灰色区域，也可利用 9-3 中介绍的方式找出相片的中间调。

4 最后分别点选**曲线**对话框中的**在图像中取样以设置白场**键、**在图像中取样以设置灰场**键 及**在图像中取样以设置白场**键，点击相片中设置的最暗、中间调及最亮标记，即可消除偏色问题，相片也显得更清晰且明亮了。

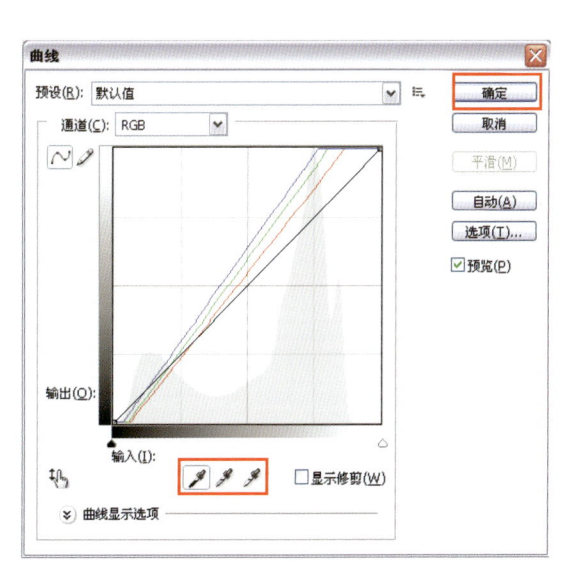

9-5 快速修正其他有相同偏色问题的相片

相信您一定遇到过这种情况：偏色问题不只发生在单一的相片上。例如，拍摄婚宴照片时，宴会厅的灯光往往让相片偏黄，但在拍摄时没有太多时间边拍边检查，因此一旦出现偏色，往往接连好几张都会具有相同的问题。若需要修正多张具有相同偏色问题的相片，您不必一张张辛苦地调整曲线，只要先修正其中一张的曲线，再将调好的设定值套用到其他相片上就可以了。

存储自定的曲线，以便日后套用

请打开 309-05.jpg，这张相片与**修正偏色**文件夹中的 309-06～10.jpg 为同一组相片，受现场绿色草地的影响，皆出现少许偏绿的情况。下面就来修正 309-05.jpg 的偏绿问题，并试着将调整好的曲线存储起来，让其他相片可以直接套用。

摄影：张宇翔

修正前　　　　　　　　　　　　　修正后

1. 执行"**图像/调整/曲线**"命令打开**曲线**对话框，切换到**绿**通道，如图向下拖拽曲线，修正偏绿的现象。

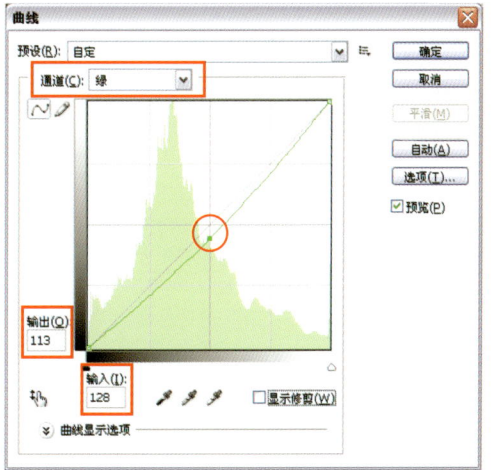

2. 切换到**蓝**通道，略微向下拖拽曲线以降低蓝色的比重，让色彩更红润。

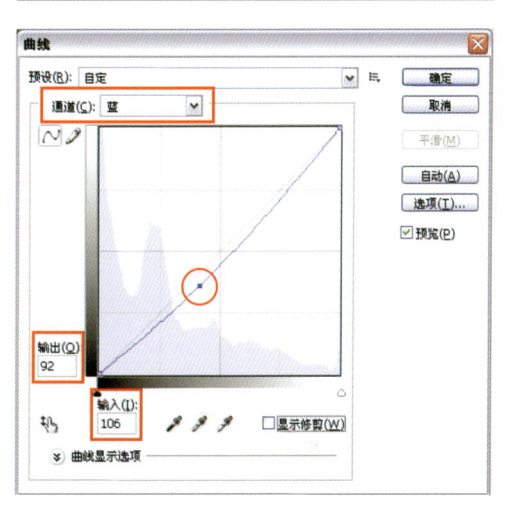

3. 请切换到 RGB 通道，向上拖拽曲线，让整张相片变得较为明亮。

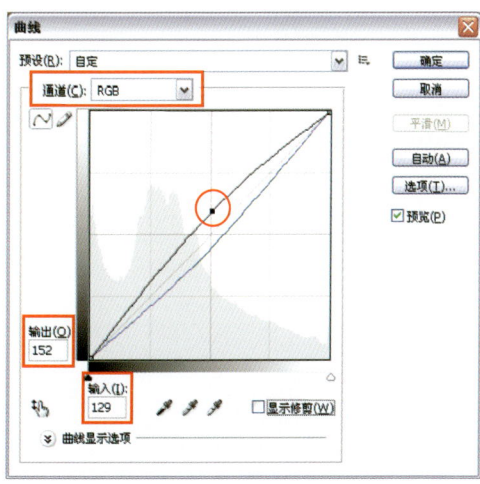

4 若觉得进行到此相片有些偏红，还可再切换至**红**通道，如图向下拖拽曲线，略微减少红色的比重。

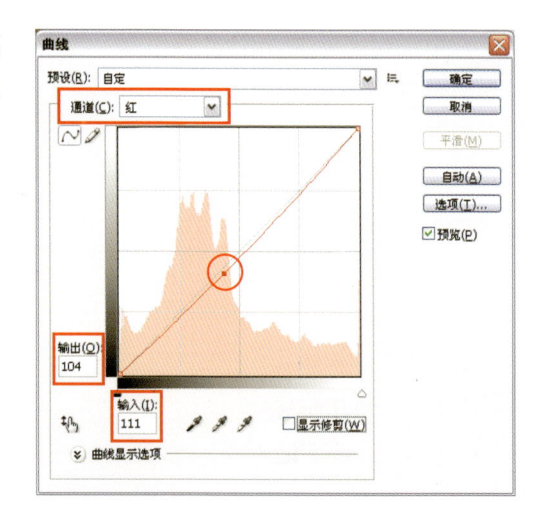

5 将调整好的曲线保存起来，让其他具有相同偏色问题的相片可以直接选择套用，省去逐一调整的麻烦。请点击**曲线**对话框的 键执行**"存储预设"**命令，输入自定的名称后，按下**保存**键就完成了。

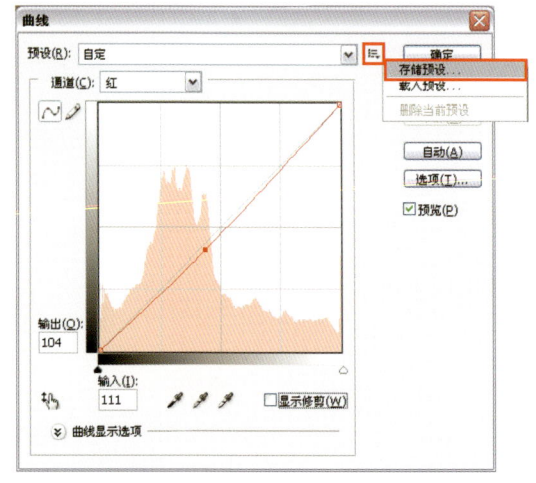

文件夹的位置及文件格式维持默认值即可

存储之后拉下**预设**列表，就会看到自定的曲线调整设定值。

日后要将设定值套用在某张相片上，只要打开欲修正的相片，执行**"图像/调整/曲线"**命令打开**曲线**对话框，下拉**预设**列表选择欲套用的设定，再点击**确定**键即可。

快速替大量相片修正偏色问题

修正大量偏色相片还有更有效率的做法，我们可以先用**动作**面板将套用曲线的过程**"录"**下来，再通过**批处理**功能，让 Photoshop 自动对整批相片执行修正任务，既省事又有效率。

1 任意打开一张相片，利用它来录制套用**偏绿修正**曲线的动作。执行**"窗口/动作"**命令打开**动作**面板，点击**创建新动作**键，打开**新建动作**对话框，输入易辨识的动作名称后按下**记录**键，即可开始录制接下来将进行的操作过程。

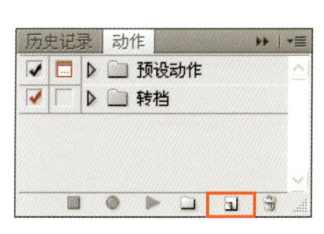

2 请执行**"图像/调整/曲线"**命令，下拉**预设**列表，选择欲套用的曲线，再点击**确定**键。

3 点击**动作**面板的**停止播放/记录**键，完成套用曲线的录制，即可关闭刚刚打开的相片(无需存档)。

录制好的动作

4 动作录制好后，再利用**批处理**功能，一次套用到多张相片上。请先将所有要套用**修正偏绿问题**动作的相片集中存放在同一个文件夹中 (您可使用 **PART3\修正偏色**文件夹中的相片来练习)。

5 执行"文件/自动/批处理"命令，先下拉**动作**列表选择**修正偏绿问题**，接着下拉**源**列表选择**文件夹**，并点击**选择**键选取相片所在的文件夹，再下拉**目标**列表选择**文件夹**，点击**选择**键选取处理好的相片要另存在哪个文件夹中。

(A) 由于**修正偏绿问题**动作不包含"**打开**"命令，因此请勿勾选此项，否则将不会打开任何文件

(B) 若批处理完成的相片要直接取代原始相片，**目标**列表请选择**存储并关闭**项目；选择**无**则表示不保存

(C) 表示要将批处理好的相片存在来源文件夹中，并在原文件名后方加个"A"以示区别

(D) 由于**修正偏绿问题**动作不包含"**保存**"或"**存储为**"命令，因此请勿勾选此项，否则将不会存储任何文件

6 设定好后点击**确定**键，Photoshop 就会自动帮您把**源**文件夹中的所有相片套用选取的**修正偏绿问题**动作，并根据**目标**的设定加以存储。

10 利用"色相/饱和度"功能调整颜色

为了再现正确的色彩，在修正偏色问题之后，还可再针对特定色彩进行色相与饱和度的校正，目的多是为了改善相机本身的偏色问题。例如，有些相机拍摄的相片大部分颜色表现都没有问题，唯独蓝色会呈紫色及容易出现过于鲜艳或平淡等问题，此时便可运用本单元的技巧来改善。

前面介绍的**曲线**功能，是通过调整**红** (R)、**绿** (G)和**蓝**(B) 各通道的色阶来修正颜色；而**色相/饱和度**功能则是通过控制**色相**、**饱和度**及**明度**这 3 个要素来调整颜色的。

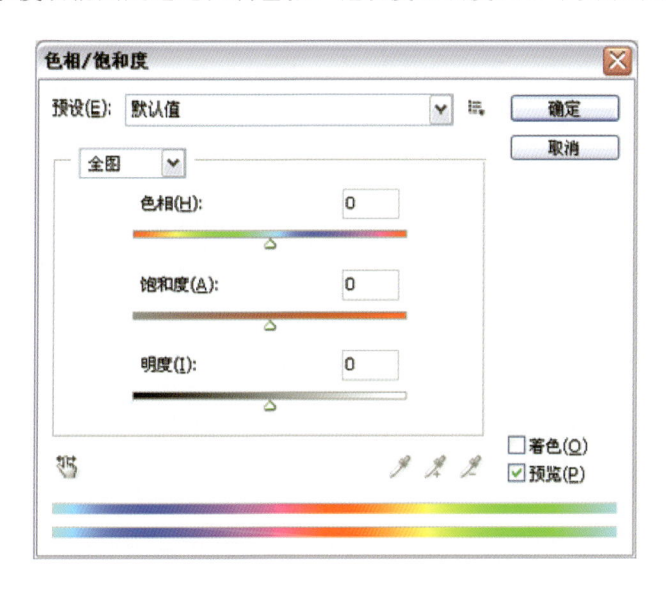

色相是指颜色的种类，**饱和度**是指颜色的鲜艳程度，**明度**则表示明暗程度，由于可分别调整**色相**与**饱和度**，因此与用**曲线**功能来调整颜色相比，操作会更直接且容易。

用色相、饱和度及亮度呈现颜色的 HSB 色彩模式

在多种色彩模式中，"HSB 色彩模式"是最符合人们逻辑思考的色彩模式。**H 色相**是以标准色轮上的位置来度量，用 0°～360°的度数表示。**S 饱和度**指颜色的强度或纯度，以 0～100% 表示。从色轮上看，越靠近圆心饱和度越低，越靠近外缘饱和度越高。而 **B 明度**也是以 0 (最暗)～100% (最亮) 来度量。

Next

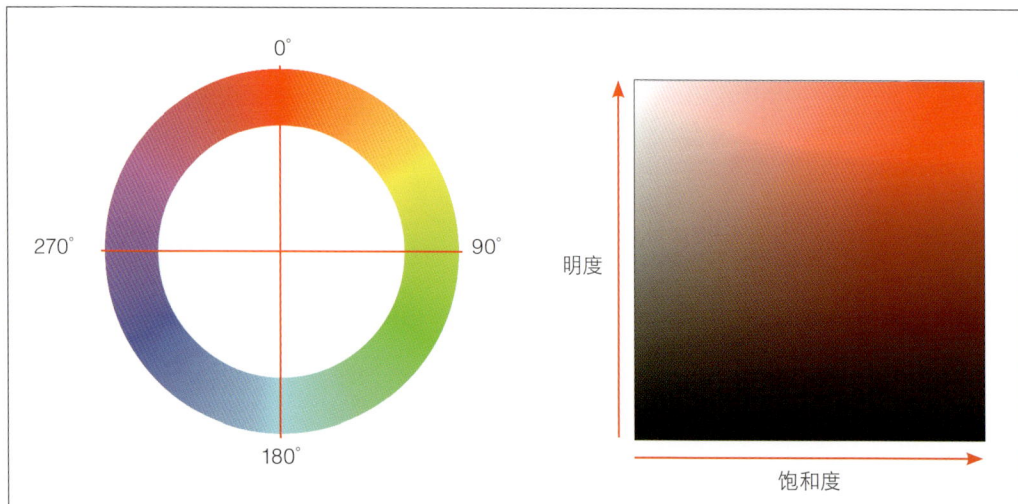

一般常用的 RGB 色彩模式，只要改变任一数值，色相、饱和度及明度都会全部改变；而 HSB 色彩模式则方便您针对特定颜色做调整，您可先决定要调整的主色，再调整该色的饱和度和明度来获取想要的颜色。

10-1　增加整张相片的饱和度

很多时候您会发现，相片所呈现的颜色并没有拍摄现场看到的那般让人惊艳。此时可利用**色相/饱和度**功能来提高饱和度，让相片重现记忆中的鲜丽色彩。

1 请打开欲调高饱和度的相片，如希望让下面这张相片中饰品的颜色较为鲜艳，更吸引人。

310-01.jpg

2 执行"**图像/调整/(色相/饱和度)**"命令可打开**色相/饱和度**对话框,将**饱和度**滑块向右拖拽,即可增加整张相片的饱和度。

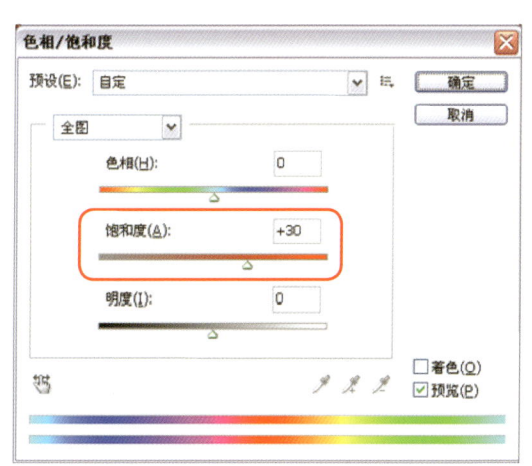

相片显得更亮眼了

反之,若想降低相片的饱和度,只要向左拖拽**饱和度**滑块即可。拉至最左边则会变成黑白相片。

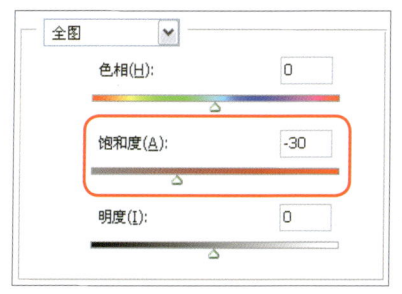

利用『色相/饱和度』功能调整颜色 10

117

10-2　改变整张相片的颜色

当您想要改变整张相片的颜色时，拖拽**色相/饱和度**对话框中的**色相**滑块即可达成目的。

310-02.jpg　　　310-02A.jpg

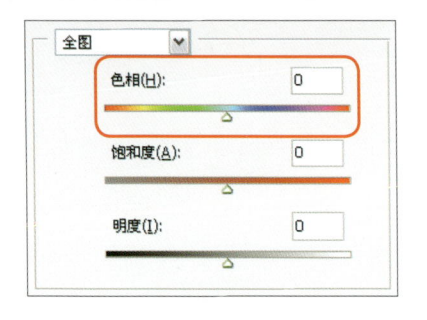

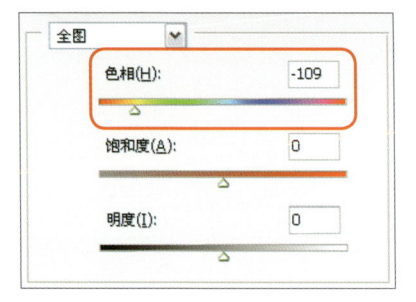

10-3　调整特定颜色的色相与饱和度

如果只想调整特定颜色的色相与饱和度，如将绿色变成黄色或将紫色变成蓝色等，可下拉**色相**滑块上方的列表，选择欲调整的色系。此时对话框下方的目标色彩范围会出现滑块，其中深灰色区域表示会 100% 受影响的颜色范围，而浅灰色则为渐弱区，滑块以外的颜色则不会受到影响。锁定目标颜色范围后，再调整**色相**与**饱和度**滑块即可。

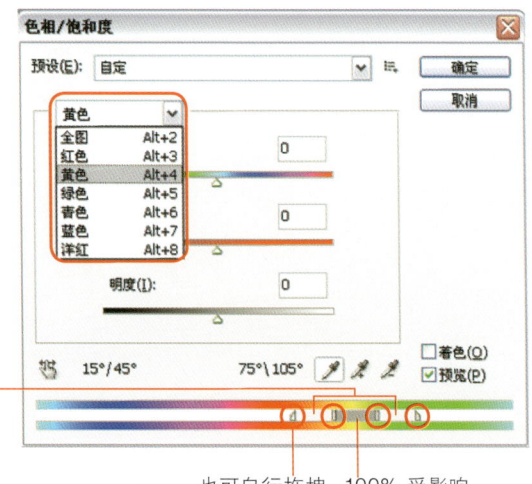

会受到少许影响的颜色范围

也可自行拖拽滑块来调整目标颜色范围

100% 受影响的颜色范围

以 310-03.jpg 这张相片为例，假设要将黄色吊钟变成其他颜色，但不影响其他部分的颜色，进行如下图所示的操作。

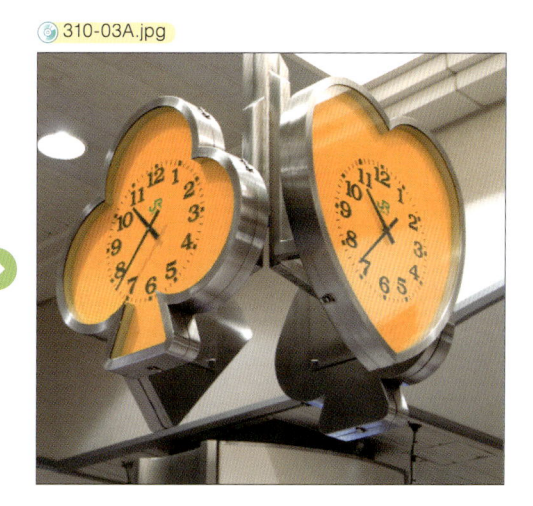

1 打开相片后，执行"**图像/调整/(色相/饱和度)**"命令打开**色相/饱和度**对话框。由于要调整黄色部分，因此请下拉**全图**列表选择**黄色**，再调整**色相**、**饱和度**及**明度**滑块。

只会改变带有黄色成分的颜色范围

2 若有不想受到影响的地方也改变了颜色(如吊钟上方的墙面)，可点击**从取样中减去**键 ，再点击相片中不需要变色的地方(可反复点击以减去更多部分)；反之，如果不小心点错了地方或想要增加受影响范围，则可改用**添加至取样**键 去点选。

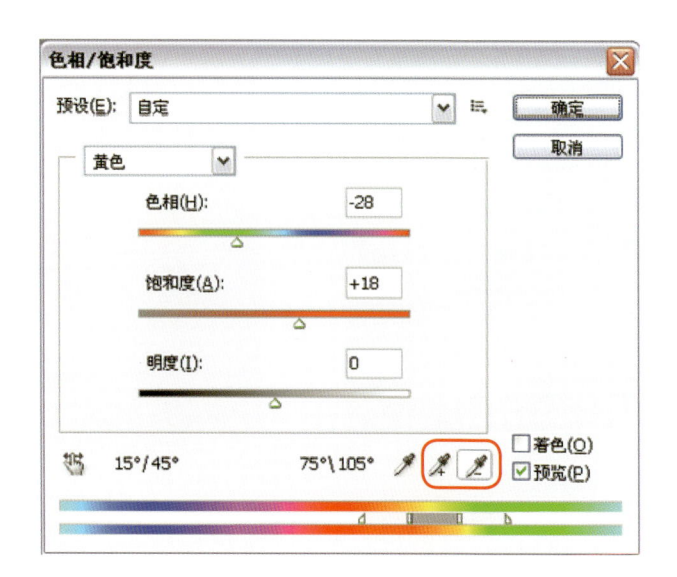

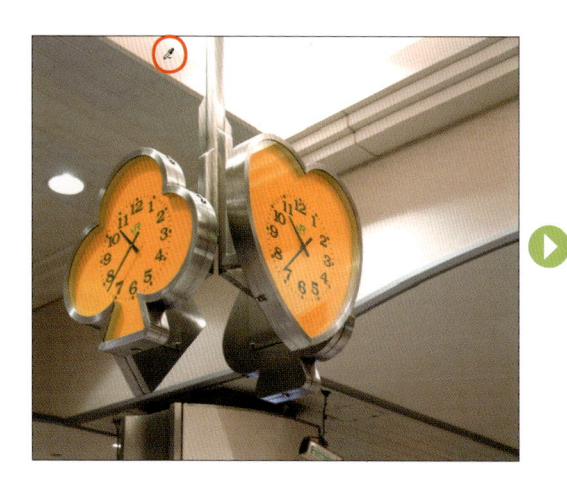

若不知该选择哪个通道，也可先点击**色相/饱和度**对话框左下角的 键，再点选照片中欲调整颜色的部分，Photoshop 便会自动帮您锁定目标颜色范围。

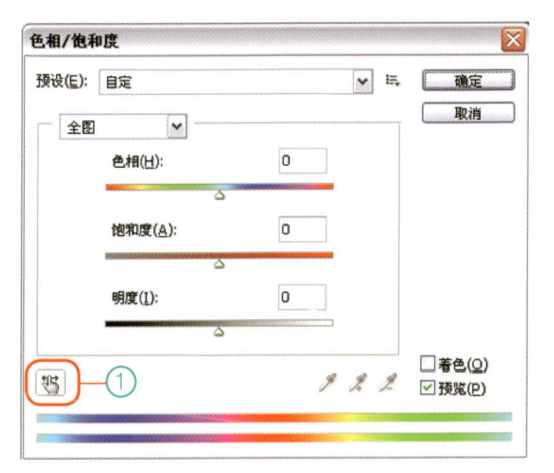

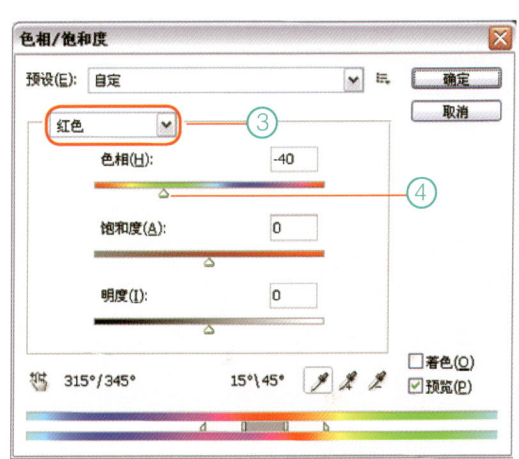

① 点击此键 ▶ ② 在欲变色的地方点一下鼠标左键 ▶ ③ 自动切换成**红色** ▶ ④ 拖拽**色相**滑块即可改变跑车的颜色

10-4 利用"着色"功能制作单一色调的相片

当需要将相片转换成单一色调，借此营造怀旧或复古等特殊氛围时，可勾选**色相/饱和度**对话框中的**着色**项目，再视需求拖拽**色相**、**饱和度**及**明度**滑块来改变色调。

310-05.jpg

310-06.jpg

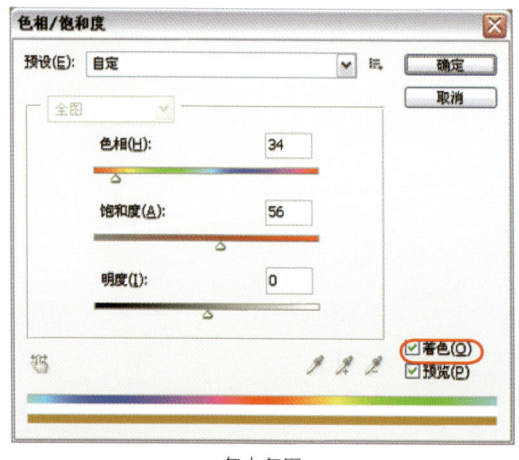

310-05A.jpg

310-06A.jpg

复古氛围

怀旧氛围

11　运用调整图层提高编修的弹性

使用**调整图层**编修相片，会保留一份相片的原貌，将编修效果重叠在原始相片上，因此不会更改相片的像素内容。若对编修效果不满意，可随时打开调整图层，修改设定值或利用调整图层的**蒙版**控制编修效果的作用范围。假如编修效果不佳，只要将调整图层删掉即可。本单元教您善用**调整图层**，使编修过程更具有弹性。

11-1　调整图层的使用方法

使用**调整图层**来编修相片一共有 3 种方法。

- **方法 1**：点击**面板区**的**调整**键 或执行"**窗口/调整**"命令，打开**调整**面板。**调整**面板有 15 个图标，点一下即可建立不同的**调整图层**。

如点击**创建新的色阶调整图层**键

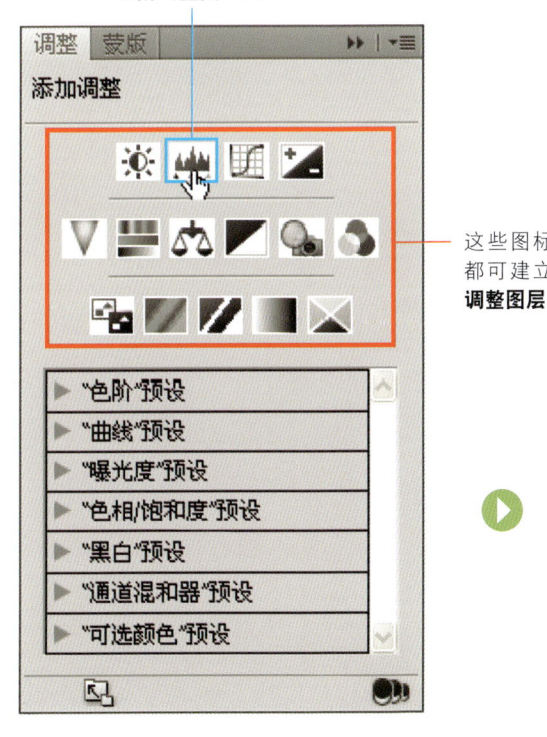

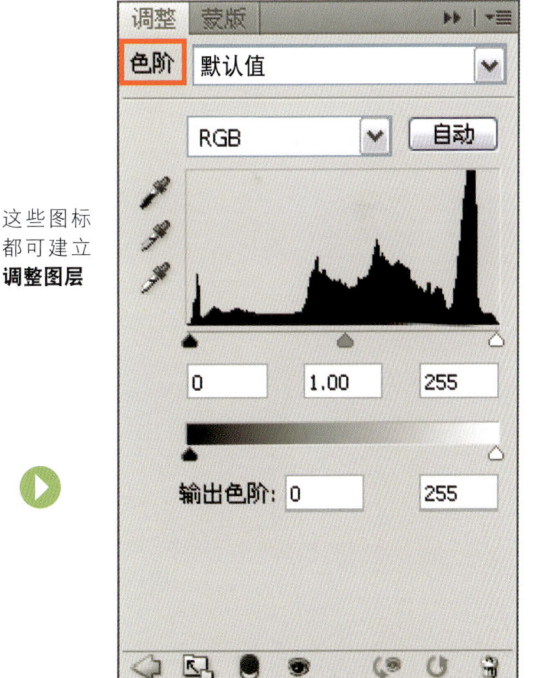

这些图标都可建立**调整图层**

切换至**色阶**调整界面

123

⬤ **方法 2**：点击**图层**面板下方的**创建新的填充或调整图层**键 ，即可打开菜单，菜单下方的 15 个调整命令和**调整**面板相同，按一下同样会打开**调整**面板，并进入各功能的调整界面。

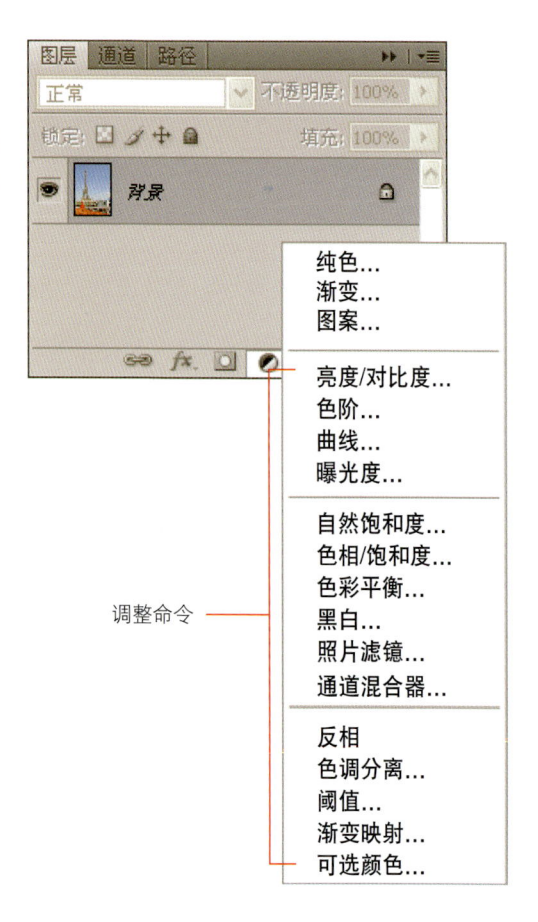

⬤ **方法 3**：执行"**图层/新建调整图层**"命令，菜单下方的 15 个调整命令和**调整**面板相同。

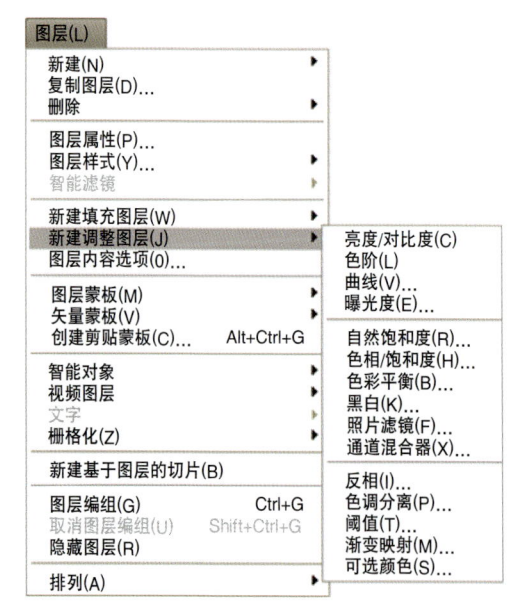

您可依使用习惯选择要用哪种方法，下面就以**方法 1** 为例，一起来体验**调整图层**的优势与方便。请打开 311-01.jpg 来练习。

1 本例要用**曲线**调整图层来改变中间调的曝光度，请打开**调整**面板，点击**创建新的曲线调整图层**键，即可切换到**曲线**调整界面。请如下拖拽曲线。

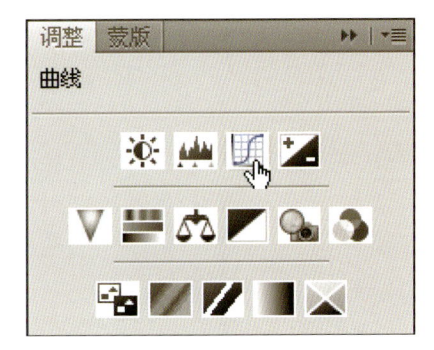

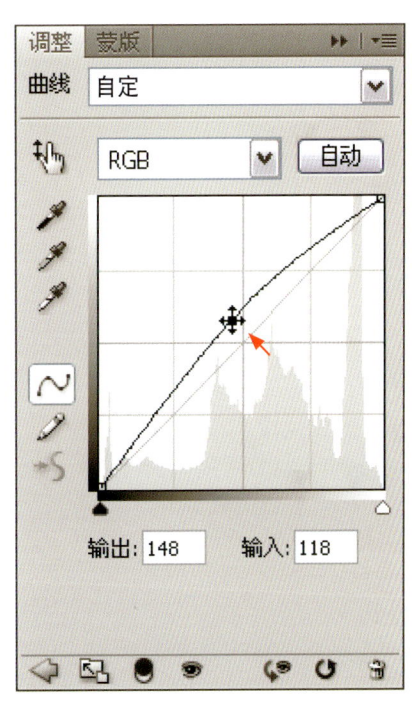

2 打开**图层**面板，在原始相片（**背景**图层）上方已新建了一个名为**曲线 1** 的**调整图层**。

TIP 点击任何一个调整键或执行相关命令，都会新建调整图层，即使没有修改曲线，仍会新建**曲线**调整图层。

3 您可点一下**曲线 1** 调整图层左侧的眼睛图标 👁 (使其消失),以暂时隐藏调整图层的效果,比较调整前后的差异。

311-01.jpg

调整前

调整后

4 比较后如果对调整结果不满意，只要双击**图层**面板中调整图层的缩略图，即可回到**调整**面板中重新调整。

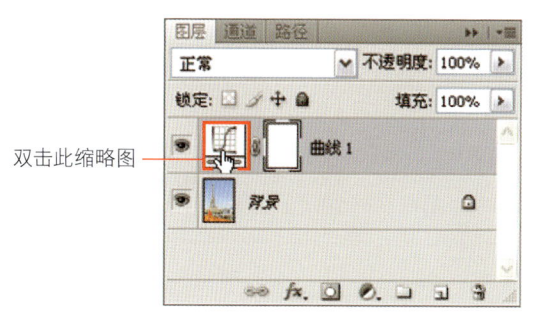

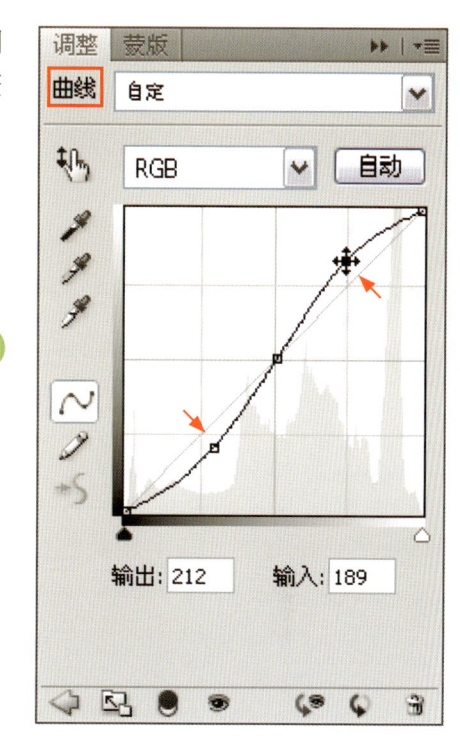

双击此缩略图

5 调整完毕后，若确定无须再修改，可执行**"图层/拼合图像"**命令，将所有图层合并后存储。若日后有可能要再调整，则不要合并图层，而将文件另存为可保留调整图层的 .psd 或 .tiff 文件格式。

311-01A.psd

TIP 要删除调整图层时，只要在**图层**面板中按住调整图层，拉至面板右下角的**删除此调整图层**键 处即可。

11-2 重叠多个调整图层来修正不同的相片问题

当相片中有多个问题需要调整，如亮度不足、对比不够强或偏色等，我们可以分别新建几个不同功能的**调整图层**来修正。下面就练习用两个调整图层来调整 311-02.jpg 这张相片。

○ 311-02.jpg

1 打开相片后，请切换到**调整**面板，首先点击**创建新的色阶调整图层**键，按如下方法调整曝光度。

2 请点击**调整**面板左下角的 键返回到调整菜单，接着再点击**创建新的曲线调整图层**键，如下拖拽曲线，以调整中间调的亮度。

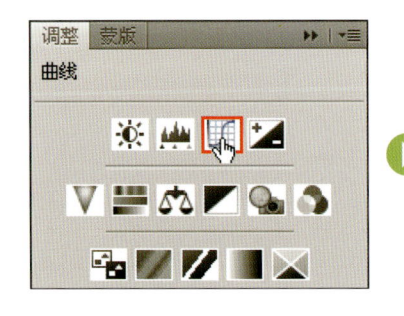

输出：206　输入：161

3 切换到**图层**面板，查看刚才新建的**色阶 1** 和**曲线 1** 调整图层。越晚创建的调整图层（如本例的**曲线 1**）越位于较上方的位置。

11-3 利用蒙版改变调整图层的作用范围

当相片中只有局部需要编修时，若直接加上调整图层，则整张相片都会受到影响。这时可利用调整图层附带的**蒙版**的功能，将不想变更的地方涂黑，涂黑的区域就不会受到调整图层的作用。下面我们就以两个常见的例子来示范这个技巧。

改变相片局部的色彩

以 311-03.jpg 为例，我们要将花朵调整成橘红色调，但又不想改变背景中绿叶和红花的色彩，就可以运用**曲线**调整图层搭配蒙版来做调整。

1 请点击**创建新的曲线调整图层**键 新建一个**曲线**调整图层，如下拉高**红**通道曲线、降低**绿**通道与**蓝**通道曲线，让整张相片变成橘红色调。

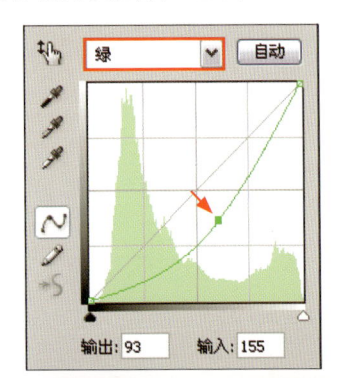

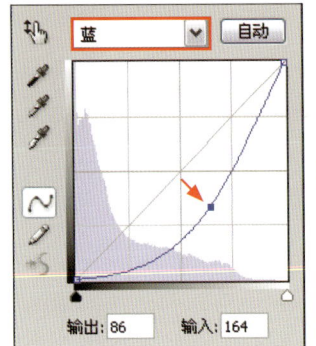

2 在**工具**面板点选**画笔工具**，如图在**选项列**点击 键，设定用来涂抹蒙版的画笔。

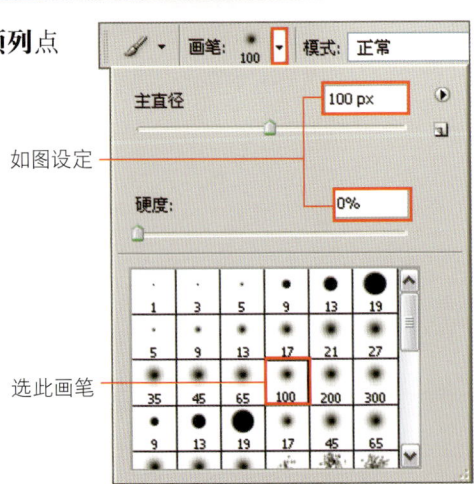

2 如图设定

1 选此画笔

3 双击**图层**面板**曲线 1**调整图层右侧的**蒙版**，将**前景色**设为黑色后，如下涂抹花朵以外的区域，涂抹处就会恢复成原本的色彩(不受调整图层的作用)。

311-03A.psd

4 涂抹完成后，点击一下蒙版左侧的调整图层缩略图，即可离开蒙版的编辑模式。

修正人像的肤色

调整图层还有一种常见的应用方式，就是修正人像的肤色。人的肤色是一种**记忆色**，也就是说，一般人对这种色彩具有既定印象。例如，觉得健康红润与白皙透亮才是正常的肤色，当相片中的肤色偏离这种印象，就会觉得肤色不太对。因此在编修时，我们也会特别将人像的肤色修成符合印象的色彩，这时就可以利用调整图层搭配蒙版，单独调整肤色部分。

以 311-04.jpg 为例，由于拍摄时使用了闪光灯，而造成人像的肤色过白；加上模特儿身穿蓝色的衣服，使肤色看起来很不健康。下面我们就利用**曲线**调整图层搭配蒙版来修正。

1 首先要修正偏蓝与泛白的肤色，请点击**创建新的曲线调整图层**键 新建一个**曲线**调整图层，再将曲线切换至**蓝**通道，进行如下调整。

2 当人像肤色偏绿时，会让人觉得不太健康，因此一般都会把**绿**通道调暗，这样也可以增加一些红润的效果(因为绿色是红色的补色)。请进行如下调整。

3 为了不让相片中其他色彩受到影响，我们要利用蒙版让调整图层只作用在肤色区域。本例的肤色区域很小，建议您先把整个蒙版涂黑，再将肤色的部位涂白，会更有效率。请将**前景色**设为黑色，点选**曲线 1** 的蒙版，再用**油漆桶工具** 点一下相片，即可将蒙版填满黑色。

蒙版全部涂黑了，因此整张相片都没有受到调整图层的作用

4 接着再将**前景色**设为白色，用**画笔工具** 涂抹相片中的肤色部位即可。若觉得调整的结果过于强烈，也可利用**图层**面板的**不透明度**降低调整图层的效果。

涂抹白色的地方才会受到调整图层的作用

降低不透明度至 80%

完成后的效果

熟悉**调整图层**的用法后，您可能会疑惑，是否以后都不能直接用**色阶**和**曲线**等命令来调整相片了？一般来说，若您判断相片需要使用好几个步骤才能编修好，就建议使用调整图层，以便修不好时可以回头再调整。如果相片的问题很简单，只需要一两个步骤就能解决的话，即使不用调整图层也没有关系。

12 锐化调整

所谓"锐化",是指强化相邻像素的对比,让相片看起来更清晰的操作。通常数码相机拍摄的相片或经过扫描的相片,其锐度都稍嫌不足;而相片经过调整大小或其他编修后,锐度也会稍稍降低。为了避免相片给人不够清晰的印象,在编修完成或输出前做锐化调整是必要的程序。

相片经过锐化调整后,不论在电脑显示器上看,还是印刷成成品,看起来都会比锐化调整前更清晰。但特别提醒您,锐化的原理是"强化相邻像素的对比",因此对于原来就不清楚的相片(如因对焦错误而造成的模糊、相机晃动而产生的叠影等),即使经过多次的锐化调整,也无法让相片变清晰。

在进行锐化调整之前,请务必将视图比例调整到 100%,让相片中的每一个像素可以对应到电脑显示器上的一个点,如此才能够更准确地判断锐化效果。

12-1 Photoshop 的锐化功能

在 Photoshop 执行"**滤镜/锐化**"命令,可从中选择 **USM锐化、进一步锐化、锐化、锐化边缘**及**智能锐化**共 5 种锐化功能。

Photoshop 的锐化功能

其中，**进一步锐化**、**锐化**和**锐化边缘**这 3 个滤镜，无须经过设定即可直接制作锐化效果。**锐化**会增加相邻像素的对比，是最基本的锐化方式；**进一步锐化**同样是增加相邻像素的对比，但效果比**锐化**明显；**锐化边缘**则是只加强相片轮廓部分的对比，效果最弱。

312-01.jpg

原始相片 (为看出效果，仅查看局部视图)

312-01A.jpg

套用 1 次**锐化**滤镜的结果

312-01B.jpg

套用 1 次**进一步锐化**滤镜的结果

312-01C.jpg

套用 1 次**锐化边缘**滤镜的结果

不过，自动设定锐度的结果不一定符合需求，而且不同的输出目的和相片内容需进行的锐化程度也不尽相同，建议您利用**智能锐化**或**USM锐化**滤镜来自行调整适当的锐度。下面将分别说明这两种滤镜的设定方式。

12-2 USM锐化

USM锐化是从传统摄影暗房演变而来的技术，我们可根据不同的相片和使用目的，自行设定锐化程度、轮廓半径范围及阈值，来获得最理想的锐化结果。

USM锐化的功能介绍

USM锐化对话框中的**数量**表示锐化的程度 (1%～500%)；**半径**表示锐化处理时影响的边缘半径范围 (0.1～250 像素)；**阈值**表示相邻颜色的色阶差异 (0～255 的色阶)，当差异大于**阈值**的设定时便进行锐化调整。例如，替人像加强锐度时，肌肤部分通常不会有太大的色阶差异，而眼睛和眉毛等与肌肤有明显色差的地方，其锐化程度自然会比肌肤还显著。

Ⓐ 在预览窗口中点击鼠标左键，可查看锐化前的状态，方便用于比较套用前后的效果差异。

Ⓑ **数量**用来设定锐化的程度，数值越大，轮廓对比越明显。

Ⓒ **半径**用来设定锐化的轮廓范围，数值越大，轮廓线越粗。

Ⓓ **阈值**用来设定相邻颜色的色阶差异，当差异大于此设定值时便进行锐化调整。

下面利用一张灰阶相片来示范**USM锐化**的处理效果，让您进一步了解**数量**、**半径**和**阈值**的作用。

312-02.jpg

数量

数量越大，边缘两侧色阶差异越大，对比越强。

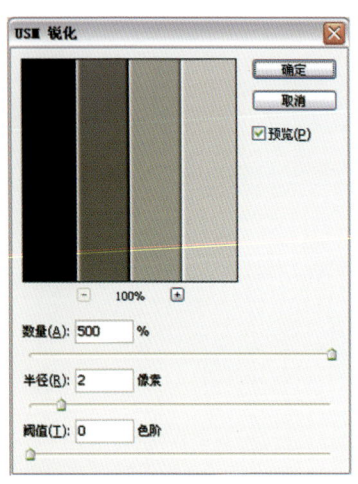

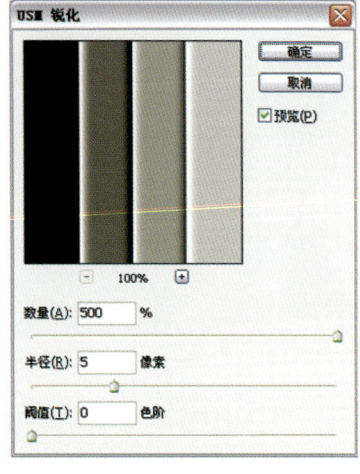

半径

半径越大，边缘两侧锐化的范围越宽且越扩散。

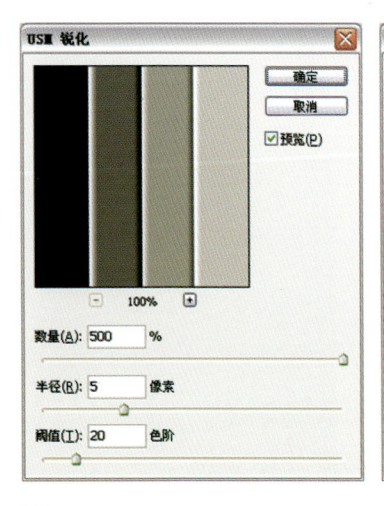

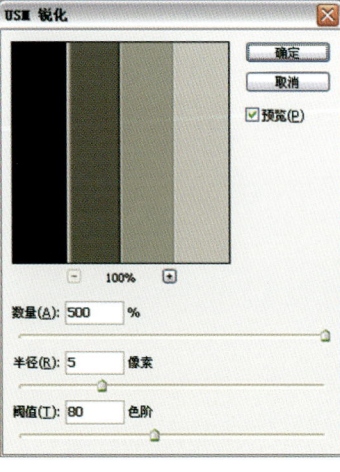

阈值

阈值越高，符合条件的边缘越少，使边缘两侧的对比较为减弱、锐化宽度减缩，也就是锐度的效果越不明显。

USM 锐化调整的实例演练

基本上，整个**USM锐化**的重点就在于如何调配**数量**、**半径**和**阈值**的值，为相片取得一个理想的锐度。三者间之并没有一定的调整顺序，您可以按照自己的想法反复调整这3个设定值，直至满意为止。可是这样的做法对入门者来说，往往会调了老半天也弄不出个所以然。

由于**数量**、**半径**和**阈值**彼此会互相影响，若没有事先拟定一个按部就班的程序，很容易陷入不断循环的误区。有许多专家提出以下的顺序，认为最能帮助我们顺利调出适合相片的锐度，供您参考(请打开 312-03.jpg 练习)。

1 首先替**数量**和**阈值**设定一个初始值。例如，**数量**可以先设为 150%～300%，也可以更高，必须强调的是，这只是一个参考值，等您累积了较多的经验后，也可自行拿捏更合适的数值。另外，**阈值**建议暂时设为 "0"，让相片保持最敏感的状态，比较容易看出锐化设定造成的变化。

在浏览窗格中按住鼠标左键拖拽，可改变检视范围。

2 为**数量**和**阈值**设定初始值只是预备动作而已，真正第一个要设定的是**半径**。大多数专家都认为**半径**是影响锐化效果最关键的因素，它决定了边缘锐化的宽度。一般来说，具有明显轮廓的相片，如汽车、机器和建筑等，可以设定较高的**半径**，而人像、植物和动物这类轮廓较细致且柔和的相片来说，**半径**则不宜太高。不过到底**半径**要设成多少，还是要由您的观感来决定。

3 找出一个适当的**半径**后，接着要调整**数量**来加强或降低边缘的对比程度，此时的重点是，边缘部分是否能清晰又不会过分突兀。

4 **半径**和**数量**大致底定下来后，再视相片的情况调整**阈值**，平抚因锐化所造成的噪点或杂纹，如人的脸部或天空，还有此例中花瓣上造成的颗粒化现象。注意，当提高**阈值**时，您会明显感受到锐化效果降低了，所以调整时必须在降低噪点与锐化效果之间取得平衡，必要时，也许还要回头再调整一下**半径**和**数量**。

312-03.jpg

312-03A.jpg

12-3 智能锐化

智能锐化提供比**USM锐化**更多的设定项目，可针对不同的模糊原因 (震动和镜头模糊等) 设定锐化的演算规则。

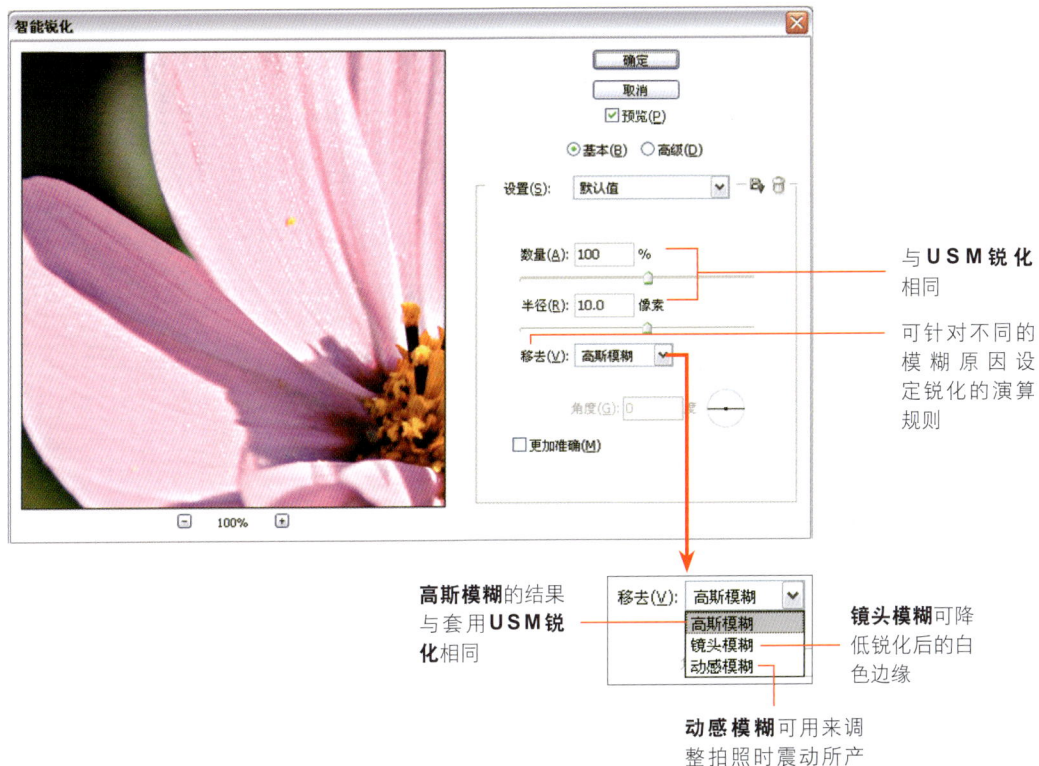

与 **USM 锐化** 相同

可针对不同的模糊原因设定锐化的演算规则

高斯模糊的结果与套用**USM 锐化**相同

镜头模糊可降低锐化后的白色边缘

动感模糊可用来调整拍照时震动所产生的模糊现象 (**角度**要与晃动方向一致)

312-04.jpg 
原始相片

312-04A.jpg 
数量：100
半径：10
移去：高斯模糊

312-04B.jpg 
数量：100，**半径：10**，**移去：镜头模糊**，与 312-04A.jpg 相比，锐化后的白色边缘比较不明显。

另外，您还可以点选**高级**项目，进一步修饰过度锐化所产生的色晕现象（轮廓过于明显所产生的黑边或白边）。**阴影**界面可用来调整黑色色晕部分，**高光**界面则可调整白色色晕部分，善用这两个调整界面，可让锐化效果更趋完美。

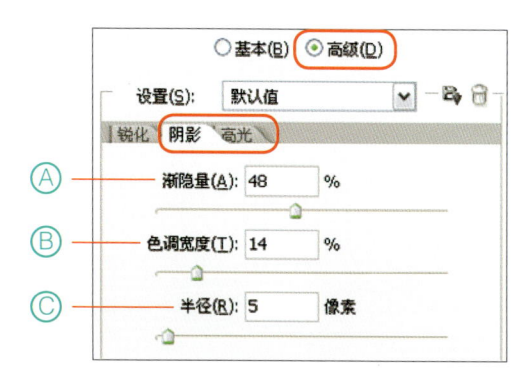

Ⓐ **渐隐量**用来设定阴影（或高光）的色晕淡化程度。

Ⓑ **色调宽度**用来设定阴影（或高光）的浓度，数值越小，则会针对越暗（或较亮）部分做修正。

Ⓒ **半径**用来设定阴影（或高光）的范围，数值越小，范围也越小。

1 请打开欲加强锐度的相片，执行**"滤镜/锐化/智能锐化"**命令打开**智能锐化**对话框，套用**基本**界面的**移去：镜头模糊**，并设定**数量：220%，半径：3 像素**。

(为看出效果,仅查看局部视图)

2 套用后，瓶子的轮廓变清晰了，但仔细观察边缘也出现了明显的白边，因此请点选**高级**项目，并切换到**高光**界面来修正白色色晕问题。本例设定**渐隐量**：30%，**色调宽度**：100%，**半径**：1像素，即可让白色色晕获得不错的改善效果。

渐隐前

渐隐后 (312-05A.jpg)

12-4 锐化调整的原则

在锐化的过程中，最让人感到困扰的就是锐度的拿捏。锐化程度太轻，一点效果也没有；太重，则相片会变得僵硬不自然，轮廓边缘还会出现亮得很突兀的色晕，甚至噪点也多了起来。

312-06.jpg

原始相片

312-06A.jpg

锐度不足

虽然锐度有略微增强，可是仍有模糊感，对于清晰度并没有显著地提升效果。

312-06B.jpg

适度锐化

锐度若拿捏得恰到好处，即可让相片看起来清晰又自然。

312-06C.jpg

过度锐化

锐度绝不是越重越好，过度锐化会导致轮廓边缘出现明显的色晕，反而让相片看起来不自然。

这里提供您一个锐化的大原则：锐化的调整与最终输出目的有非常密切的关系。

如果相片的使用目的是在电脑上观看（如网页或桌面），那从显示器上观察觉得相片的锐度足够即可；若将来要打印输出，则从显示器上看时要感觉锐度更强一些才可以。因为显示器是直射光，而印刷品是反射光，所以相同的锐度，从显示器上看要比打印出来明显得多，显示器上觉得刚好的锐度，打印出来其实没什么效果。至于要加重多少锐度并没有一定的标准，建议针对输出设备实际进行打印测试，再从中找出最适当的锐度设定。

另外需要注意的一点是，直接针对 RGB 或 CMYK 相片套用**USM锐化**滤镜，除了可能使颜色鲜明的部分变得过度饱和，导致边缘出现色晕或色纹外，甚至还可能因为各通道的轮廓边缘被强调而产生色差。为了避免上述情况，您可以执行"**图像/模式/Lab 颜色**"命令，将相片分成记录明度信息的**明度**通道和记录颜色的 **a**、**b**通道，接着执行"**窗口/通道**"命令打开**通道**面板，点选记录明度的**明度**通道，再套用**USM锐化**滤镜，就不会影响相片的颜色。处理好后再执行"**图像/模式/RGB 颜色**"命令，将相片转换回 RGB 颜色模式即可。

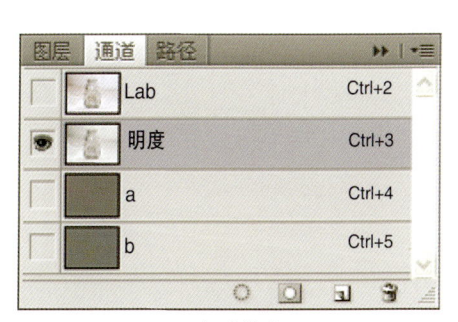

Lab 色彩模式

a 通道

明度通道

b 通道

13 依用途调整相片的大小与分辨率

数码相片的用途非常广泛，除了能冲印成各种尺寸的相片，还可以作为电脑桌面、手机桌面，甚至可以放大输出成摄影作品或印刷成精美的摄影集等。针对不同的用途，必须将相片调整为适合的尺寸和分辨率，本单元就为您说明调整的技巧和必备的观念。

13-1 了解"像素大小"、"文档大小"和"分辨率"的关系

在 Photoshop 中调整相片大小时，有几个名词如**像素大小**、**文档大小**和**分辨率**等，常让初学者感到非常困惑，我们先来理清这些观念，才能顺利地进行后续的调整。

像素大小与像素总量

拍照时，不管眼前的场景多么宽广，数码相机都只能以有限的**像素**记录成一张数码相片，这张数码相片的宽、高各包含多少像素，就是其**像素大小**。**像素大小**的表示方法为"**宽度像素量 × 高度像素量**"，如"3872 × 2592"或"2896 × 1936"等。

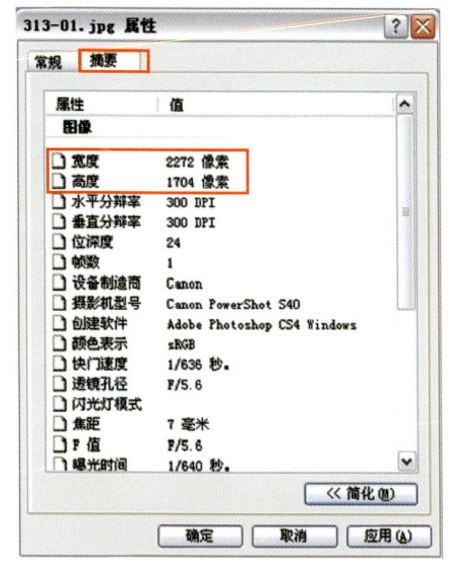

在相片上点击鼠标右键执行"**属性**"命令，可在**摘要**界面查看其像素大小。

像素总量就是**像素大小**的宽度与高度乘积，可以知道相片中到底含有多少个像素。例如，以"3872 × 2592"的像素大小为例，像素总量即为 10,036,224 像素 (约1千万个像素)。不过每部相机能拍摄的像素量依规格而异，您可以自行利用相机的菜单来设定。使用越多的像素来拍照，记录下来的细节就越多。

文档大小与分辨率的计算方法

文档大小是指将相片印出来的尺寸，这会受到**分辨率**的影响。**分辨率**就是每一单位要印的像素量，常用单位有 **PPI** (Pixel Per Inch，每英寸像素量) 和 **PPC** (Pixel Per Centimeter，每厘米像素量) 等，分辨率越高，表示每英寸 (或厘米) 包含的像素量越多，印刷的相片品质就越细致。

3 英寸

3 英寸

分辨率为 100 PPI

300 × 300 像素的相片

1 英寸

1 英寸

分辨率为 300 PPI，打印品质比 100PPI 更细致。

不过，分辨率并不是越高越好，因为人眼的辨识能力有限，当分辨率超过 300PPI 时，无论分辨率多高，我们也分辨不出其中的差异。因此在冲洗相片或印刷输出时，通常是以 300PPI 为基准。

若您想知道相片实际印出来会有多大或想知道印成某种尺寸时需要多少像素量才能印得比较细致 (拥有足够的分辨率)，可利用如下公式计算：

- 像素大小 (宽度) / 分辨率 (PPI) = 文档大小的宽度 (英寸)。
- 像素大小 (高度) / 分辨率 (PPI) = 文档大小的高度 (英寸)。
- 文档大小的宽度 (英寸) × 分辨率 = 所需的像素大小 (宽度)。
- 文档大小的高度 (英寸) × 分辨率 = 所需的像素大小 (高度)。

例如，要印在 4 英寸 × 6 英寸的相纸上时，若分辨率为 300PPI，所需的像素大小如下：

```
宽度: 4 × 300 = 1200
高度: 6 × 300 = 1800
```

因此至少要拍 1200 × 1800 像素 (216 万像素量) 的相片，才能在 4 英寸 × 6 英寸的相纸上印得很细致。但是，若将同样的像素量印在 12 英寸 × 18 英寸的相纸上，则每英寸包含的像素就会变少 (分辨率变低)，印出来的品质就变粗糙了。计算如下：

```
1200 / 12 = 100 PPI
1800 / 18 = 100 PPI
```

观念清楚之后，我们就要开始练习依用途调整相片的像素量、文档大小和分辨率了。

13-2 利用"重定图像像素"功能调整相片的像素大小

拍照时，为了确保拍到所有的细节或方便事后重新构图 (裁切)，我们通常会设定最大的像素大小来拍摄。然而有时相片只是用来作为电脑或手机的桌面，不需要这么大的像素大小；有时则是将相片裁切后，导致像素大小太小，无法冲洗或打印成较大尺寸的相片。为了应对各种不同的状况，我们可以用 Photoshop 缩小或放大像素大小，这就是**重定图像像素**。

请打开 313-01.jpg，首先执行**"图像/图像大小"**命令，有关**像素大小、文档大小**和**分辨率**都是通过这个对话框进行调整的，下面分别示范缩小和放大像素大小的方法。

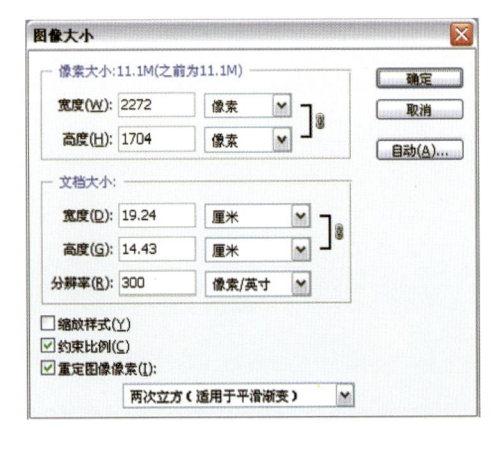

重定图像像素以缩小像素大小

当您要缩小像素大小，如将 2272 × 1704 像素的相片调整为电脑桌面的大小 (如 1024 × 768 像素)，便可利用**重定图像像素**功能缩小像素大小。

1 请勾选**约束比例**和**重定图像像素**两个项目，接着在**重定图像像素**项目下方的列表中选择要用哪一种方式来增减像素。本例请选**两次立方较锐利 (适用于缩小)** 项目，可让缩小后的相片更清晰。

2 接着要设定缩小后的像素大小，本例请在**宽度**栏输入 "1024" 像素，由于已勾选**约束比例**项目，会自动计算出**高度**为 "768" 像素，然后点击**确定**键即可。

可由此看到像素大小已缩小为 1024 × 768 像素

重定图像像素以放大像素大小

我们在本章第 3 单元中学过裁切相片的技巧，但若裁切得太小，之后就无法印成较大尺寸的相片，这时就可以利用**重定图像像素**功能放大像素大小。以 313-02.jpg 为例，原始相片被局部裁切后，只剩下 600 × 400 像素，下面我们要将它增加到 1200 × 800 像素。

① 勾选**约束比例**和**重定图像像素**项目

② 放大相片时，建议选择此项（后面有详细说明）

③ 输入 "1200"，然后点击**确定**键

1200×800，像素大小变大了

重定图像像素的原理

重定图像像素时，能够直接放大或缩小相片的像素大小，这是怎么办到的呢？其实在调整过程中，Photoshop 会以**内插补点法**重新计算且增减像素量，共有 5 种计算方式，您可依放大或缩小像素大小的需求来做选择，它们的差异如下。

- **邻近（保留硬边缘）**：要增减像素时，就直接复制或删掉邻近的像素。由于不取样任何像素，所以速度最快，但是品质也最差。

- **两次线性**：取样每 1 个像素上、下、左、右 4 个像素的平均值来增减像素，因此效果比**邻近（保留硬边缘）**好。

- **两次立方 (适用于平滑渐变)**：是重定图像像素的预设选项，会取样每 1 个像素周围 8 个像素的平均值来增减像素，由于取样的像素较多，因此效果比前两种好。

- **两次立方较平滑 (适用于扩大)**：重定图像像素时的计算方法同**两次立方**，并加强放大后色彩的连续性，可让放大的效果更平滑，因此适用于增加像素大小。

- **两次立方较锐利 (适用于缩小)**：重定图像像素时的计算方法同**两次立方**，并加强缩小后的相片锐度，因此适用于减少像素大小。

　　重定图像像素功能可以很方便地变更像素大小，然而删掉相片中的像素可能会失去某些细节，而让品质变差；若加入原本不存在的像素，又会让原本清晰的边缘变得模糊。不过相片如果只是用于电脑视图，缩小像素大小后，通常不易察觉品质变差；放大像素大小时，如果只是放大 1.2～1.5 倍，看起来品质也不至于太差。但如果是要拿去印刷的相片，则建议不要做重定图像像素，而是从文档大小和分辨率着手，以确保精美的印刷品质。

13-3 调整相片的文档大小与分辨率以符合输出需求

在打印或印刷相片时，依用途不同，可能会印成各种不同的尺寸。例如，要展示在墙上的大幅相片，若您因像素大小不够大而将相片重定图像像素，会加入太多不存在的像素，使相片的边缘变得很模糊，无法做高品质的输出。以 313-03.jpg 为例，我们直接将相片重定图像像素后，放大 2 倍，结果品质就会变得很差。

原相片 (1181 x 1626 像素) 的局部视图

重定图像像素为 2 倍大小 (2362 x 3252 像素) 后的局部视图

为了避免让印刷品质变差，最好不要增减像素量，而是从**文档大小**和**分辨率**着手调整印出来的相片大小。下面再以 313-03.jpg 为例来示范，请进行如下操作。

1 请执行**"图像/图像大小"**命令，这次不要变更像素大小，因此请取消勾选**重定图像像素**项目，则对话框中只剩下**文档大小**区的项目可以调整，无法再变更像素大小。

2 在**文档大小**区输入要打印的尺寸，如输入 A4 大小(**宽度**：21.57 厘米 × **高度**：29.7 厘米)，由于打印尺寸变大且像素量不变，因此文件的分辨率会同步降低。设定好后，点击**确定**键即可。

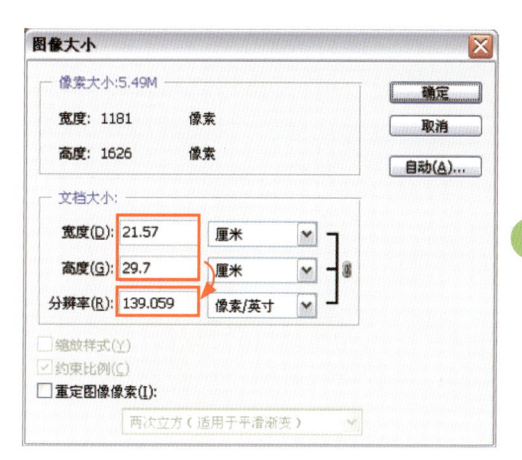

分辨率自动降低至约 139 像素/英寸

设定好后，您会发现像素大小没有改变，但可以印成 A4 大小的相片了。这是因为我们降低了分辨率，让每英寸要列印的像素量变少，所以同样的像素量可以印出更大的尺寸。不过要注意的是，分辨率太低时，印刷的品质也会变得很粗糙，因此要以放大打印尺寸为目标，还是要顾及印刷品质(分辨率)，就要依您的输出目的来决定。

一般来说，要近看的印刷品(如拿在手上的传单和DM等)，分辨率最好为 150~300 PPI；若是大海报和广告看板等印刷物，为了满足更大的印刷尺寸，可以降低分辨率至 72~100PPI，虽然近看时的品质很差，但是消费者通常都是站在一段距离以外观看整幅相片，因此设定较低的分辨率也无妨。

14 印制缩略图目录

许多人都习惯用电脑整理和浏览相片，认为没有必要印制缩略图目录，其实缩略图目录可帮助我们更有效率地挑选相片。例如，想从一批光盘中找出某张相片时，要将光盘一一放进光驱读取；若利用光盘缩略图目录寻找可就省事多了。又如，在运动比赛和婚礼等场合往往会连拍许多相片，事后便可利用缩略图目录比较多张相似的相片以选出佳作。本单元就告诉您利用 Bridge 制作缩略图目录的方法。

14-1 套用预设范本以产生缩略图目录

您只要选取相片，再套用 Bridge 预设的范本，就能自动排好缩略图目录了！请跟着下面的步骤一起来练习。

1 请在 Bridge 中打开要制作缩略图目录的相片文件夹，您也可将 **PART3\缩略图目录** 文件夹复制到电脑桌面上进行练习。

2 要编排缩略图目录，必须使用**输出**工作区的各面板，若您目前使用的面板设置中没有看到如右图的面板，请执行"**窗口/工作区/输出**"命令，切换到**输出**工作区。

3 本例我们要使用**缩略图目录**文件夹中全部的相片，请在**内容**面板选取其中一张相片，然后按 Ctrl + A 键 (Windows) / ⌘ + A 键 (Mac) 选取全部，它们的缩略图就会同时显示在**预览**面板中了。

4 接着点击**输出**面板的 **PDF** 钮，就会切换至编排缩略图的相关选项。首先请下拉**模板**列表选择缩略图的排列方式，本例请选 **4*5 图像目录清单**，然后按**刷新预览**键，就会产生一份套用模板的缩略图目录，并打开**输出预览**面板供您预览。

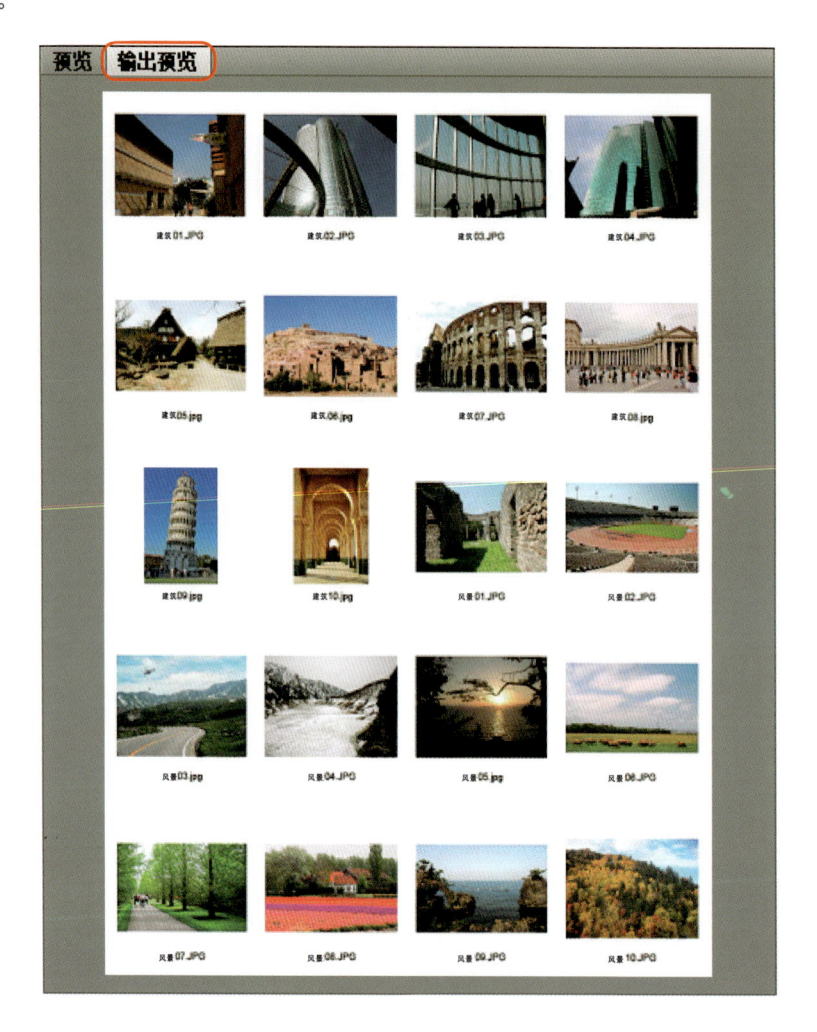

> **TIP** 接下来做了任何设定，都要点击**输出**面板的**刷新预览**键，才会更新**输出预览**面板中的内容。

目前只是产生出预览用的缩略图目录，下面我们会教您将缩略图目录进一步编排成自己想要的样子，最后再进行存储和打印。

14-2 细部编排缩略图目录的版面

套用模板来制作缩略图目录是最快的方法，不过可能不是您要的编排方式，以下就利用其他面板继续做细部的修改。

利用"文档"面板设定打印纸张

文档面板的**页面预设**列表提供了纸张、相片或网页等多种打印尺寸，选择其中一种后即可在其他栏位设定尺寸、纸张方向和底色等内容。本例由于相片大多为横式，请在**文档**面板点击**横向**键，再点击**刷新预览**钮，结果如下：

打印纸张转成横向了

用"版面"面板设定缩略图的排列方式与间距

前面我们选择了 **4*5 图像目录清单**模板，因此会将缩略图排成 4 栏 × 5 列，可再利用**版面**面板修改。本例由于文件夹中共有 25 张相片，请改设为 5 栏 × 5 列，并勾选**使用自动间距**项目，以自动调整出适合的间距。

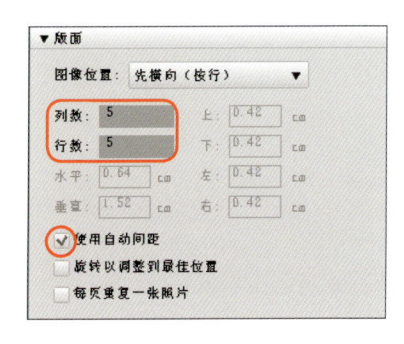

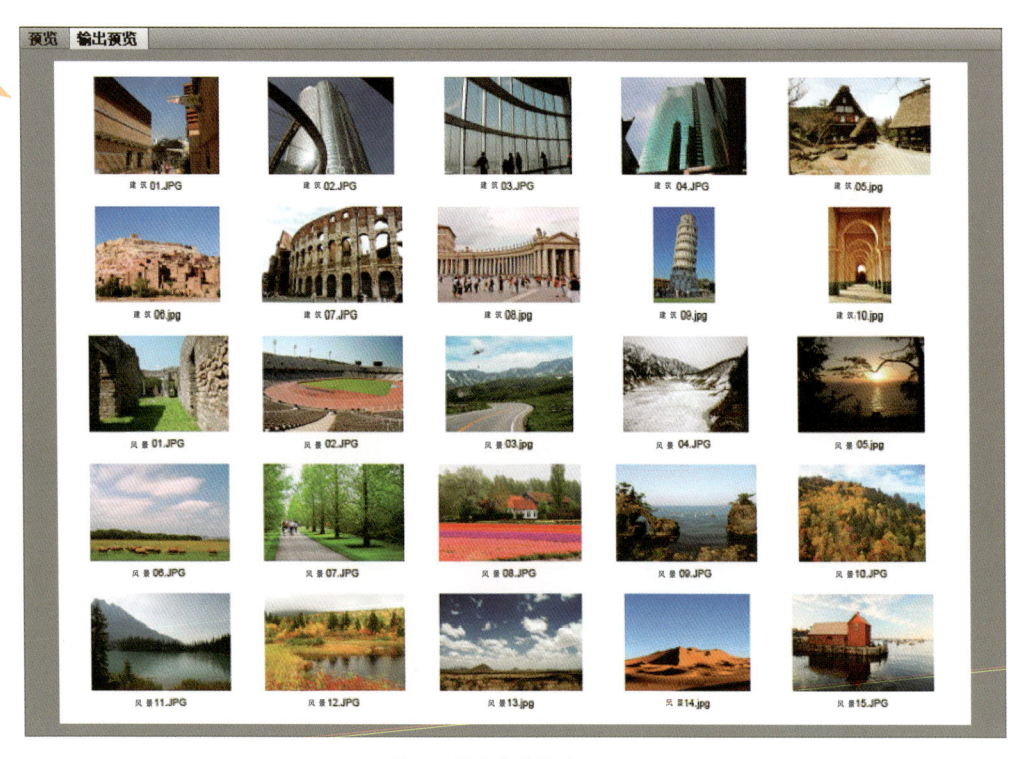

排成比较紧密的缩略图目录

> **TIP** 若您觉得在缩略图目录中,竖幅相片的缩略图和横幅排在一起不太协调(如上图中的"建筑 09.jpg"和"建筑 10.jpg"),可再勾选**版面**面板的**旋转以调整到最佳位置**项目,将竖幅缩略图自动转成横幅。

用"叠加"面板设定缩略图说明文字样式

若想调整每张缩略图下方的说明文字样式,可利用**叠加**面板来设定。例如,我们取消勾选**扩展名**项目,并如右图设定。

预设的说明文字样式　　自定的文字样式

取消"播放"面板所有的项目

播放面板中的内容都是与制作 PDF 幻灯片相关的设定,若您不是要制作幻灯片,请取消勾选每一个项目,并将**过渡效果**设定为**无**,以免缩略图目录套用到全屏模式或过渡效果等错误的设定。

> **TIP** 若要制作成 PDF 幻灯片,请参考下一单元的说明。

用"水印"面板加上水印文字

若需要为缩略图目录加上水印文字(如版权宣告),可利用**水印**面板输入。不过水印文字会覆盖在整份缩略图目录上,可能会干扰您浏览相片,若缩略图目录仅供您自己查看使用,可不必设定。

可在面板上方的灰色栏内输入文字,并利用其他栏位设定文字样式。

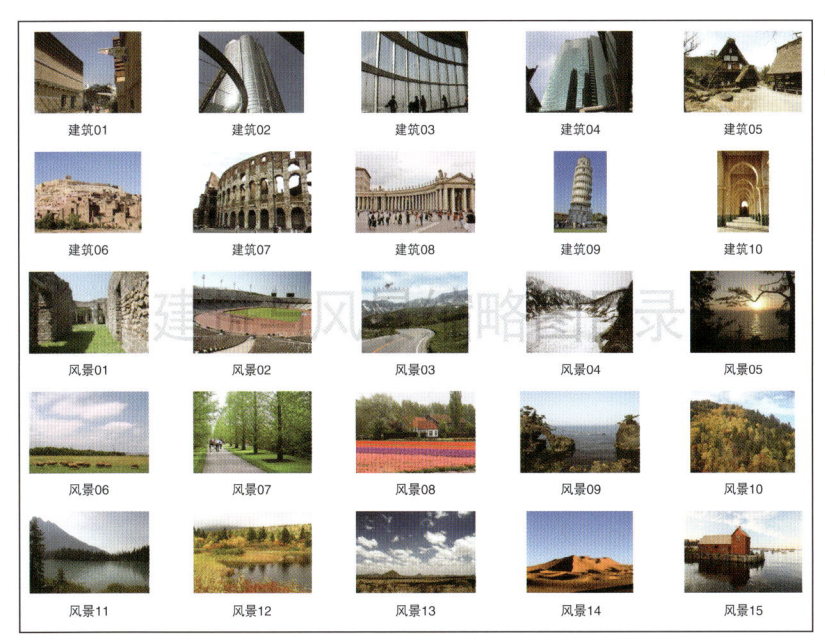

水印文字会覆盖在整份缩略图目录上

> **TIP** 为了避免干扰视觉,本例不设定水印,请清空在**水印**面板中输入的文字。

14-3 存储与打印缩略图目录

全部的内容都设定好，预览内容也没问题的话，缩略图目录的编排工作就告一段落了。接着只要储存缩略图目录并打印出来，就大功告成了！

存储缩略图目录

要存储和预览缩略图目录，可先收合所有面板，勾选最下方的**存储后查看 PDF** 项目，并点击**存储**键。

请输入缩略图目录文件名称，再点击**保存**键

自动打开编辑好的缩略图目录

打印缩略图目录

排好的缩略图目录是 PDF 文件，请使用 PDF 软件 (如 Adobe Acrobat Pro 和 Adobe Acrobat Reader 等) 打开后打印出来。

1 执行"**文件/打印设置**"命令，依您的打印设备设定打印机、纸张与打印方向，然后点击**确定**键。

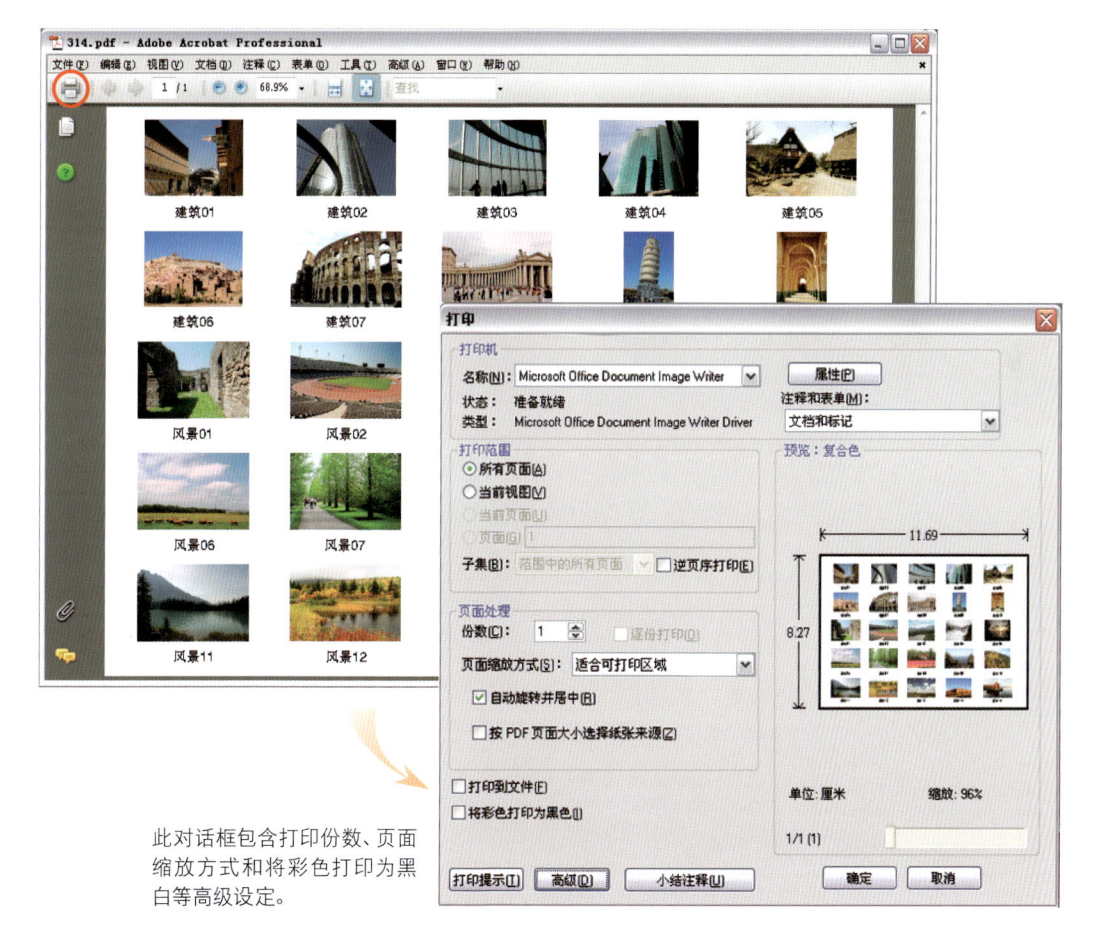

2 点击 🖨 键或执行"**文件/打印**"命令，会打开如下的**打印**对话框，点击**确定**键即可将缩略图目录打印出来。

此对话框包含打印份数、页面缩放方式和将彩色打印为黑白等高级设定。

15 制作 PDF 幻灯片来展示相片

当您要和朋友分享摄影作品或作为专业摄影师向客户展示商业用途的相片时，该怎么将一批相片系统地展示出来呢？本单元要教您利用 Bridge 将相片制作成一份 PDF 幻灯片，优点是可以将多张相片整合在一个文件中，而且还能为每张相片设定播放效果，就像一份精美的电子摄影集，为您的相片增添技术含量！

压缩展示用的相片大小

摄影者拍摄的相片为了方便做大图输出或后期制作，尺寸通常都很大，如 500 万像素的相片就含有 2560 X 1920 像素，不过电脑显示器的尺寸却小得多 (如 17 寸显示器约为 1280 X 1024 像素)。因此若要制作用屏幕展示的幻灯片，建议您先将每张相片的尺寸缩小，并稍微降低品质，虽然在电脑上看不出差异，但可以降低文件的大小，也方便利用网络传送给别人。请打开 315-01.jpg 练习。

315-01.jpg

1 请执行"**图像/图像大小**"命令，可看到相片的像素尺寸为 3072 × 2048 像素，我们考虑播放时的显示器尺寸，再扣除幻灯片边框所占的空间，要将相片的**宽度**设定为 800 像素，**高度**则等比例调整，如下图所示。

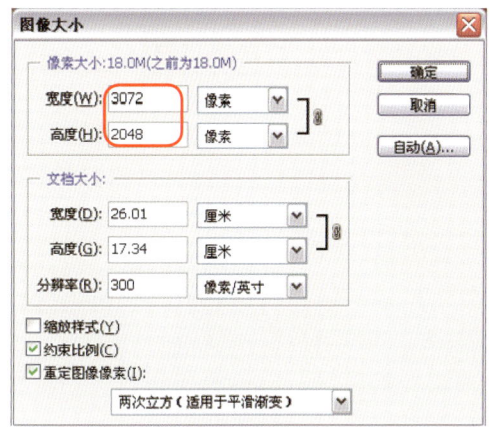

相片的原始大小

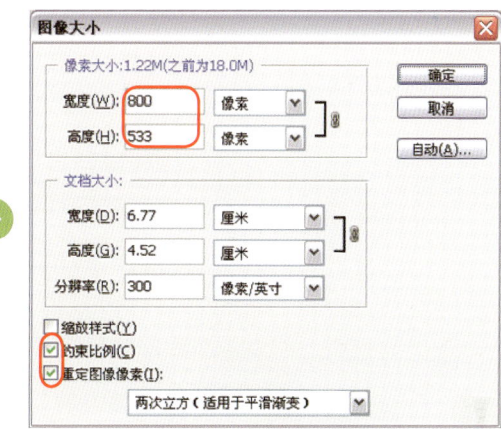

如图修改，并点击**确定**键

2 执行"**文件/存储为Web和设备所用格式**"命令，如下选择 **JPEG** 格式，并将相片品质设定为 "80"(最高为 100)，可将相片压缩得更小。设定完成后，请点击**存储**键另存文件，输入新文件名后，再点击**将优化结果存储为**对话框的**保存**键即可。完成后，请陆续将要制作成幻灯片的相片都调整好。

可从这里查看压缩后的相片大小，本例只剩 166.2K。

开始制作幻灯片

制作 PDF 幻灯片的方法和前一单元编排缩略图目录的方法几乎相同，请同样在 Bridge 中打开 **PART3\缩略图目录** 文件夹，进行如下操作。

1 首先在**内容**面板挑选要加入幻灯片的相片，本例请按下 Ctrl + A 键 (Windows) / ⌘ + A 键 (Mac)，选取全部相片。

2 在**输出**面板点击 **PDF** 钮，并下拉**模板**列表选择**最大大小**，可让幻灯片的每一页都用最大尺寸展示 1 张相片，设定好后点击**刷新预览**键预览。

3 套用**最大大小**模板会将相片置于 A4 大小的直式版面上。不过幻灯片是用横式电脑显示器观看的，建议您利用**文档**面板，如右图设定适用于横式显示器的尺寸和方向。

4 再切换到**版面**面板，取消**旋转以调整到最佳位置**项目，以免竖幅相片被转成横幅，反而不便于浏览。

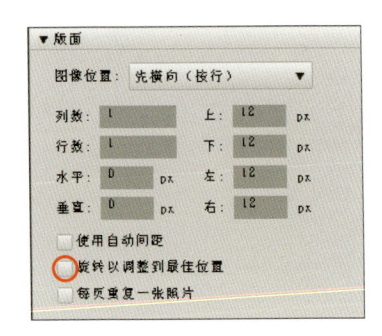

5 切换到**叠加**面板取消**扩展名**项目，并如右图设定幻灯片中显示的文件名字体。

6 切换到**播放**面板，可设定幻灯片的播放方式和效果。本例请按如下设定：

(A) 勾选此项会以全屏播放幻灯片
(B) 设定自动切换到下一页的时间
(C) 勾选此项才会重复播放
(D) 下拉选择切换时的过渡效果，本例请选**渐隐**
(E) 设定过渡效果的播放速度，本例请选**中**

7 全部设定完成后，点击**输出**面板的**刷新预览**键，在**输出预览**面板预览设定结果。

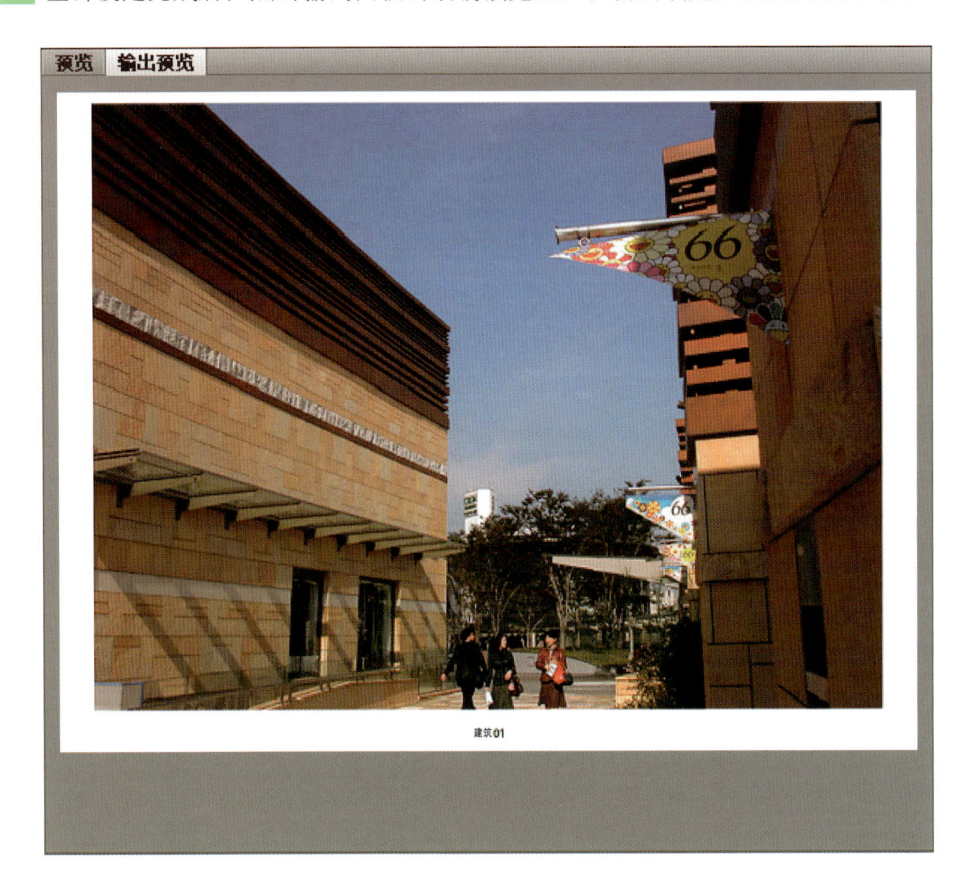

8 确认无误后，即可勾选最下方的**存储后查看 PDF** 项目，并点击**保存**键存档，PDF幻灯片就制作完成了！

1 输入自定文件名 (本例为 "315") 后点击**保存**键。

167

2 若曾勾选**以全屏方式打开**项目，会显示此对话框，请点击**是**键。

315.pdf

建筑01

以全屏模式观赏幻灯片

播放幻灯片

以全屏浏览 PDF 幻灯片时，由于之前曾在**播放**面板设定自动播放与**渐隐**效果，每隔 5 秒就会慢慢切换到下一页。您也可手动控制幻灯片，方法如下：

	以键盘操作	以鼠标操作
切换到下一页	点击 ↓ 或 → 键	点击左键或将滚轮向后推
切换到上一页	点击 ↑ 或 ← 键	点击右键或将滚轮向前推

若要离开全屏播放方式，可按 Esc 键回到 PDF 软件界面，再利用右侧滚动条或上方工具栏切换页面。

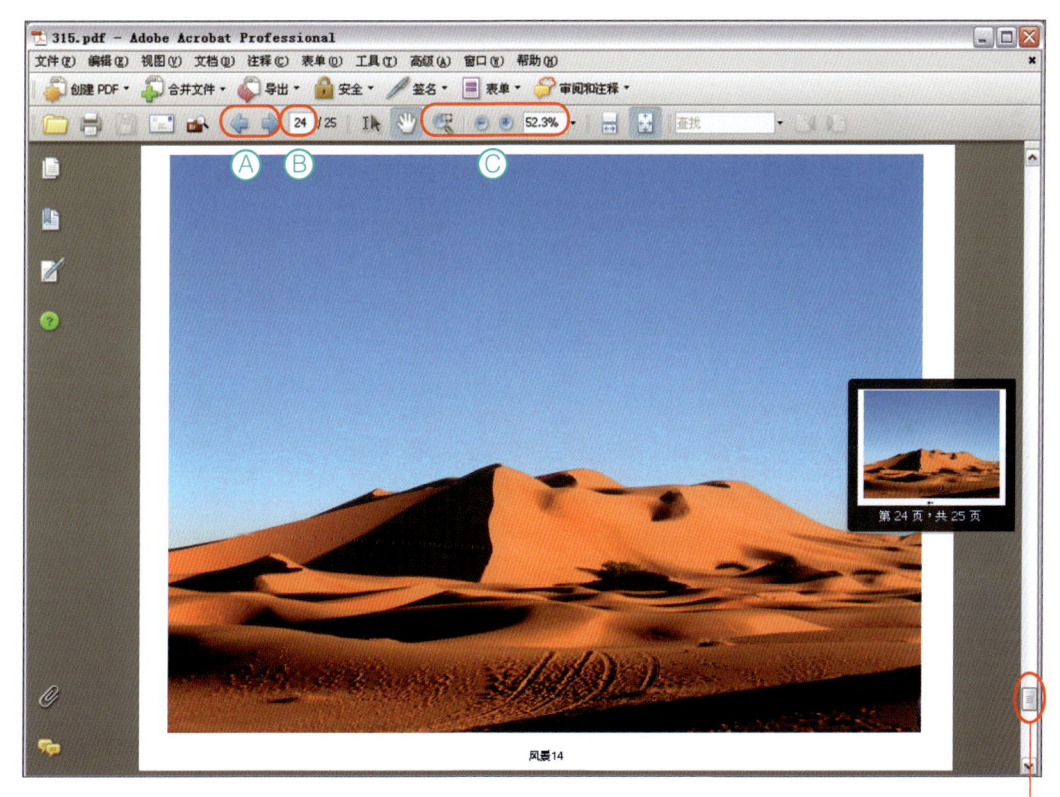

Ⓐ 切换到上/下一页
Ⓑ 直接输入页码即可跳至指定页面
Ⓒ 可改变页面的显示比例
可上下拉动此处，拉动时会显示缩略图和页码

若要再以全屏浏览，请在 PDF 软件中执行**"视图/屏幕模式/全屏模式"**命令，也可以先关闭幻灯片，再重新打开即可。

16 用显示器校样修正无法印刷的色彩

累积一定数量的摄影作品后，您可以挑选一些佳作送到输出中心，进行大图输出或印制成摄影集，以便观赏和保存。然而，有时印出来的颜色和在电脑显示器上色差很大，导致要花时间和成本重印。为了避免这种情况，本单元将告诉您如何在电脑显示器上预先查看印刷色，确保后续印出来的色彩符合预期。

16-1 印刷色差的成因与显示器校样的流程

同一张相片在印刷品与电脑显示器上会呈现不同的色彩，可能有两个原因：第一，电脑显示器颜色不准，建议先为显示器校色（方法可参考**附录 A**），再查看相片；第二，因为电脑显示器和印刷设备的**色域**（能呈现的颜色）不同，若要呈现一致的颜色，必须根据设备的**色域**调整或转换色彩，请参考以下说明。

印刷色差的成因

我们是用眼睛"感觉"光和色彩，而电脑显示器和数码相机等设备无法感觉，必须将光和色彩转换成数值才能加以处理，这种"用数值描述颜色"的方法称之为**色彩模型**；而**色域**是指"色彩模型中能呈现的全部颜色"。

每种设备组成颜色的原理不同，就会有不同的色域。例如，数码相机和电脑显示器是以红 (R)、绿 (G)和蓝 (B) 3 种色光来混合色彩，将这些能呈现出来的颜色定义为 **RGB 色域**；而印刷设备则是以青色 (C)、洋红色 (M)、黄色 (Y) 和黑色 (K) 4 色油墨（简称**印刷色**）来混合色彩，将这些能呈现出来的颜色定义为 **CMYK** 色域。当我们将相片从电脑传送到色域不同的设备中时，就可能会发生色差，如下图所示。

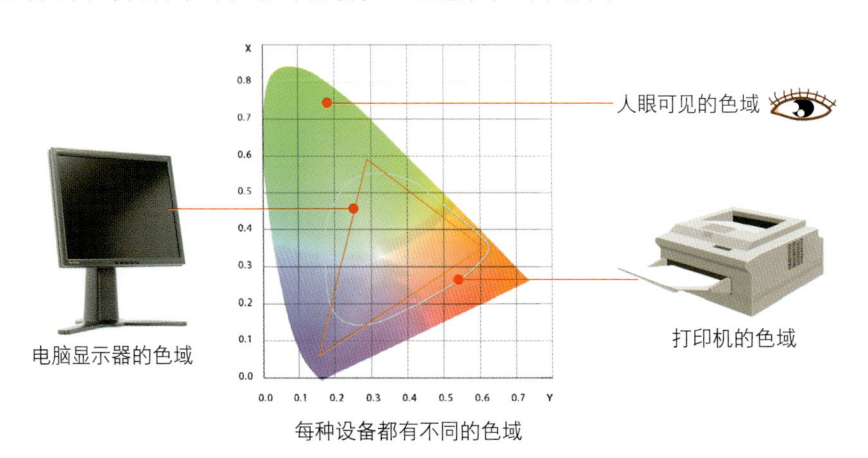

人眼可见的色域

电脑显示器的色域

打印机的色域

每种设备都有不同的色域

显示器校样的流程

为了避免色差，有人会利用 Photoshop 的**色彩模式**功能模拟各色彩模型的色域来转换图像色彩，如将 RGB 相片转换为 CMYK 色彩模式。但实际印刷结果还会受到纸材与油墨等因素的影响，光是转换色彩，结果并不准确。建议您依照实际输出的设备和纸材，模拟出更准确的印刷色来检查与修正图像，我们称为**显示器校样**，流程如下：

① 在 Photoshop 中进行**色彩管理**，指定各种输出设备 (包含打印机和纸材) 的配置文件 (方法请参考**附录 A** 的说明)。

② 利用"**校样颜色**"功能检查印刷和输出时的色彩与亮度。

③ 利用"**色域警告**"功能找出无法正确打印的色彩，并予以修正。

从下面我们就针对其中的"**校样颜色**"和"**色域警告**"功能做进一步的解说。

使用喷墨打印机打印 RGB 图像

上面提到将 RGB 图像转换成 CMYK 颜色，是针对要送到专业印刷机或输出中心的图像而言。若您是以家用喷墨打印机打印，由于目前市售的喷墨打印机都有优化 RGB 图像的功能，会自动将 RGB 颜色转换成最接近的油墨颜色再打印，因此您无须先转换成 CMYK 颜色模式，即可直接打印。

16-2 使用"校样颜色"功能检查印刷色

我们先以 1 张相片为例检查印刷色，请打开 316-01.jpg 来练习。

316-01.jpg

1 请执行"**视图/校样设置/工作中的 CMYK**"命令,可模拟将 RGB 图像色彩转成 CMYK 色域的效果 (此处仅供模拟查看,尚未真正转换色彩)。

标题列会显示目前使用的色域

2 目前的校样是使用 Photoshop 预设的 RGB 和 CMYK 色域来模拟,可能不符合实际输出时的设备和纸材,因此我们要自行指定其他如印刷报纸或杂志广告等专用的 CMYK 色域来做校样。请执行"**编辑/颜色设置**"命令,并在对话框的**设置**列表下拉选择**自定**项目。

3 首先要设定用来检查 RGB 图像的色域，请下拉 RGB 列表，选择 Adobe RGB (1998) 项目，这个 RGB 色域的颜色最广，可让 RGB 图像的颜色更漂亮，最适合用于校样和输出。

> **TIP** 一般显示器的标准色域是**显示器 RGB (sRGB)**，由于色域不够广，不适合作为高品质的输出。

4 接着要设定用来做校样的 CMYK 色域，请下拉 CMYK 列表，本例要选择 Japan Web Coated (Ad) 色域，并点击**确定**键。

若想了解这些色域的内容，可将光标移至选取的色域名称上，在对话框的**说明**区参考其详细的说明，包括适用的地区、纸材和用途等。

> **TIP** 对话框中仅提供日本和美国的常用色域，您可询问配合的印刷厂或输出中心，依他们的建议选择。

5 设定好后，再执行**"视图/校样设置/自定校样条件"**命令，对话框中就会套用上个步骤自定的色域，接着再选择**可感知**和**黑场补偿**项目，可呈现出相片中更多的细节，最后点击**确定**键。

TIP 至于**模拟纸张颜色**和**模拟黑色油墨**两个选项，是用来模拟印刷油墨渗入纸材的效果，在校样阶段还不必设定，等到要印出样稿时再勾选即可(请参考下一单元)。

6 校样设定完成后，会自动勾选**"视图"**命令下的**校样颜色**项目，文件视窗中的色彩也会转换成您自定的 CMYK 色域。

16-3 利用"色域警告"功能找出无法印刷的色彩

电脑显示器的色域 (RGB) 比印刷设备的色域 (CMYK) 广，因此有些在显示器上正常显示的色彩会无法正确地印刷出来，而导致出现色差。要预防这种状况，可执行"**视图**"命令，勾选**色域警告**项目，找出相片中所有无法印刷的颜色，如下所示。

316-01.jpg

原图像 　　　　　　　　　　　　　色域警告区 (印不出来的颜色) 会显示为灰色

TIP 色域警告区预设为灰色，若与相片色彩太相近，可执行"**编辑/首选项/透明度与色域**"命令，点选**色域警告**区的**颜色**方块选取其他色彩。

当色域警告区的范围很大时，建议您调整相片，以减少无法印刷的颜色。以本例而言，色域警告区大多分布在黄色和绿色的范围，可执行"**图像/调整/可选颜色**"命令来调整这两种颜色。以下简单示范修正的方法，建议边调整边观察相片的色彩变化，以免调过头反而导致偏色问题。您也可搭配前面几章介绍的调整功能来修正。

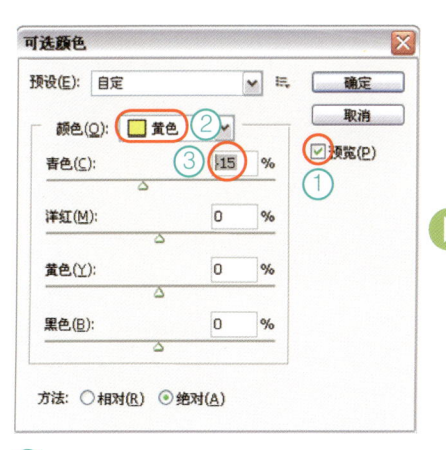

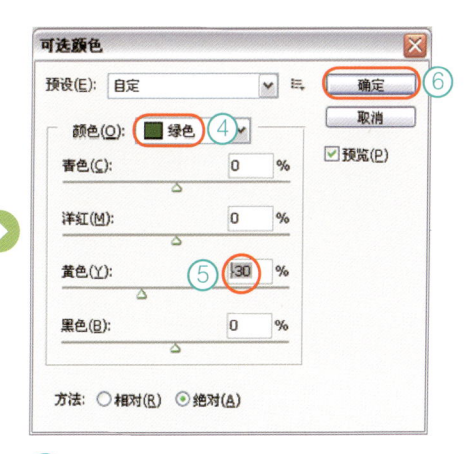

① 请勾选此项，可在调整时同步预览图像
② 下拉**颜色**列表选择**黄色**
③ 降低**青色**的比例至"–15"
④ 再下拉选择**绿色**
⑤ 降低**黄色**的比例至"–30"
⑥ 点击**确定**键

316-01A.jpg

大部分的色域警告区都消失了

修正色彩后,请执行**"视图"**命令,取消勾选**色域警告**项目来重新检查相片的色彩。若检查无误,即可进行后续的印刷打样和交件等流程。

17 印制检色用范本以比对印刷色

完成上一单元的屏幕校样工作之后,我们要将校对无误的相片打印出来,当作检色用范本,一般称为**样稿**或**打样**,可以检查打印出来的色彩是否符合屏幕校样,也能供印刷厂作为比对色彩的样本。本单元就为您介绍打样适用的设备和打印设定。

17-1 适合打印打样的打印机和纸材

选对打印机和纸材,打样的色彩才能更接近实际印刷的成品。下面为您介绍适合的打印机和纸材,您可检查自己的设备是否符合打样的需求。

打样用打印机的必备条件

要用来打印打样的打印机,至少要具备以下两个条件:

- **内置 Adobe RGB 印刷模式**:上一单元进行屏幕校样时,我们将电脑显示器的色域设定为 **Adobe RGB**,用来打印打样的打印机也必须支持此模式,才能完整地呈现出显示器上的色彩。

- **使用颜料墨水而非染料墨水**:商业印刷机都使用颜料墨水,因此若要模拟印刷色,也要选用以颜料墨水打印的打印机。若以染料墨水打印,颜色可能会有差异,无法达到比对色彩的目的。

颜料墨水与染料墨水

喷墨打印机使用的打印墨水,可分为**颜料墨水**与**染料墨水**两种。染料墨水价格便宜,但无法防水与抗光,而且颜色不够浓(如黑色不够黑或彩色带有透明度),因此打印色彩容易受纸材影响。颜料墨水则具有防水和抗光的特性,而且能较好地覆盖纸材的颜色,不过价格较高。一般来说,若希望打印的颜色准确,并能长期保存(如相片),建议选用颜料墨水;若只是打印一般文件,则可选择较便宜的染料墨水。

适合打印打样的纸材

纸材会影响打印的质感，请依印刷目的选择。例如，要打印相片时，最好使用相纸；要模拟印刷打样时，就要使用印刷专用的纸材，可分为"涂布纸"和"非涂布纸"两大类，简单说明如下。

- **涂布纸**：在纸的表面涂上一层防水涂料，使印墨容易转印在纸张上，并具有防水性，适用于全彩的海报和广告单等。
- **非涂布纸**：使用天然材质，表面较粗糙，适用于报纸、书籍的内页和单色传单等。

17-2 打印打样的基本设定

准备好所需的设备后，就可以进行打印了。请打开一张完成屏幕校样的相片，执行"**文件/打印**"命令，进入**打印**对话框后，进行如下打印设定。

317-01.jpg

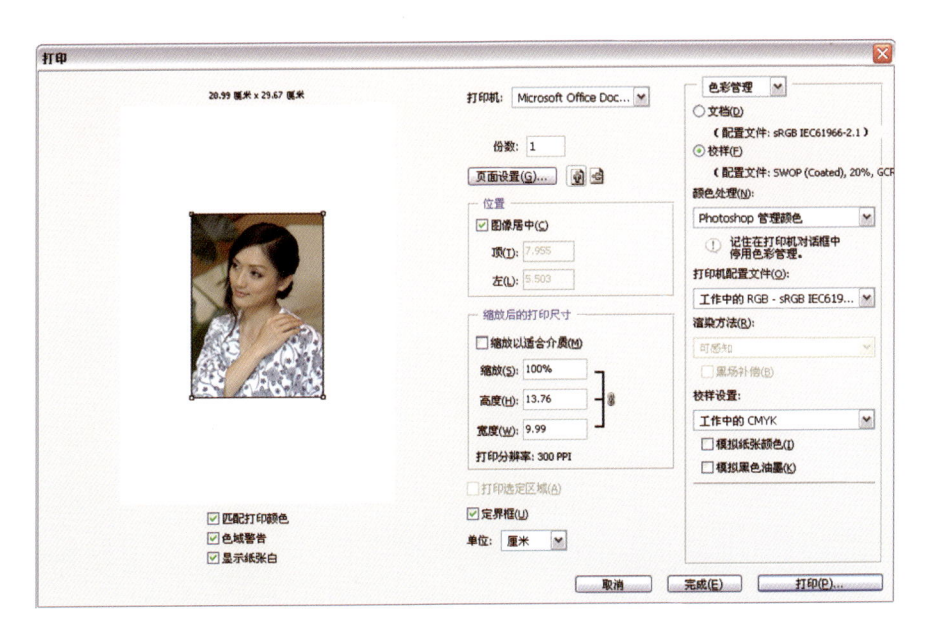

1 请在**打印机**栏选择目前使用的打印机型号,并设定打印份数及方向。

2 左侧的预览图可让我们预览打印时的位置和大小,若相片小于纸张尺寸,建议设定**图像居中**,缩放比例为 **100%**,可将相片以原始尺寸印在纸张正中央。若相片超出纸张范围,则可勾选**缩放以适合介质**项目,将相片缩小至可打印的范围内。

您也可以利用**缩放**、**宽度**、**高度**栏自定其他的打印尺寸或比例。

3 请点击**完成**键结束设定,至于对话框右半部的设定,我们稍后再为您说明。

179

17-3 指定校样用的色彩配置文件

打印对话框右上方的**色彩管理**区有两种配置文件可选择，要设定**校样**配置文件，才能模拟印刷色来打印校样。请再执行"**文件/打印**"命令，并进行如下操作。

1 请在对话框右上方点选**校样**项目，即可套用屏幕校样时使用的 CMYK 配置文件 (本例为 **Japan Web Coated [AD]**)，接着下拉**颜色处理**列表，选择 **Photoshop 管理颜色**。

2 在**打印机配置文件**及**校样设置**列表中，请下拉选择**工作中的CMYK** 项目，以模拟印刷色。若勾选**模拟纸张颜色**和**模拟黑色油墨**项目，可模拟印刷油墨渗入纸材的效果，让打样色彩更符合印刷效果。

3 套用 Photoshop 管理颜色后，预览框下方的 3 个项目就可以勾选了，作用说明如下：

Ⓐ 依选用的配置文件 (纸材) 来模拟校样颜色
Ⓑ 在预览画面上显示色域警告区
Ⓒ 将预览画面的纸张变成灰色，以查看打印在彩色纸材上的效果

4 设定完成后，点击**打印**键即可打印。

17-4 后续的印刷打样流程

实际将完稿文件和打样送去印刷后，还有许多难以控制的因素会影响印刷色彩，如印刷机的油墨浓度或比例不正确，都会使印刷色发生偏差。因此要再与印刷厂来回比对色彩或者再次打样，才能确保最后印刷的色彩无误。流程如下：

Step 1 交付印刷厂完稿文件和打样 → **Step 2** 印刷厂提供第一次打样 → **Step 3** 校对内容与偏色 → **Step 4** 印刷厂提供第二次打样 → **Step 5** 再次校对，无误即可请印刷厂制版印刷（若有误则再进行打样）

其中，印刷厂提供的打样还可选择多种方式，说明如下：

- **数码样 (喷墨样)**：使用彩色打印机，以喷墨用的纸张和油墨来打样。好处是成本最低，打印速度最快，但印刷品质较差。

- **传统样**：利用平台式打样机，比照实际印刷的纸材来打样。缺点是成本较高，而且由于打样机与印刷机结构不同，容易发生颜色套印不准的问题。

- **上机打样**：以印刷机比照实际印刷的纸材来打样，最接近实际印刷的效果，颜色最准确，但成本也最高。

您可依成本自行选择打样方式，通常在第一次打样时，印刷厂会先提供数码打样或传统样，让我们检查实际印在纸材上的效果。若您要印刷高品质的精品广告或摄影集，则可以考虑成本更高的上机打样，以确认印刷效果是否精美。

18 相片交件的实用操作流程

当您成为专业摄影师之后，就有机会承接各式各样的商业摄影专案，如人像沙龙照或商品摄影等。当拍摄与编修告一段落，最后的工作就是将相片送到出资者的手中。您可别小看这个环节，万一交件用的相片颜色不对或格式错误，之前的努力可就功亏一篑了！因此在本章的最后，我们就针对交件用的相片，为您说明应该进行的检查和调整工作。

18-1 交件用相片的必备条件

商业用的相片拍得再好，若色彩或格式不对，就无法为摄影者带来应得的报酬。本章已经介绍了多种调整相片色彩和格式的方法，下面再为您整理出 5 个重要事项，方便您在交件前做好检查工作。

① **使用 RGB 色彩模式**：我们拍摄的原始相片都是 RGB 色彩模式，请直接交件，不要任意转换色彩。若要送去印刷，才需要转换色彩模式，您可以参考本章第16和17单元的说明。

② **附带色彩配置文件**：要交件用的摄影作品一定要附带色彩配置文件，否则别人看到的色彩可能会和原始相片差异很大。以相片来说，请附带色域最广的 **Adobe RGB** 色彩配置文件，附带的方式可参考 18-2 的说明。

③ **合并所有的图层**：若交件用的文件中包含多个图层或调整图层，请执行"**拼合图像**"命令，将图层合并成一个。这是为了保护文件的内容，若没有合并图层，万一交件后有人移动了图层，可能会破坏您编修好的结果。合并图层的方法如下。

点击此键执行"**拼合图像**"命令。　　　　　合并后，文件中只包含一个图层。

④ **不要使用"锐化"滤镜**：许多摄影者会利用"**滤镜/锐化**"命令将相片锐化，其实这属于印刷流程，而非摄影者的工作范畴，若您尚无法确切掌握锐化的程度，可请输出中心或印刷厂帮忙完成。

⑤ **存储为 PSD、EPS 或 TIFF 文件格式**：存储为这 3 种文件格式都能避免品质的破坏，18-2 中会分别说明存储的方法。

18-2　将相片存储为交件用的文件格式

现在我们针对前面提过的 3 种格式，为您分别说明适用的时机和存储的步骤，请打开 318-01.jpg 进行练习。

存储为附带色彩配置文件的 PSD 格式

PSD 格式能维持相片的品质，因此建议在编修过程中将文件存储为 **PSD** 格式，而交件的时候也可以直接使用此格式。请执行"**文件/存储为**"命令，下拉对话框中的**格式**列表，选择 Photoshop(*.PSD；*.PDD)，并勾选 **ICC 配置文件**项目，接着输入文件名，点击**保存**键即可。

请注意，对话框中的 **ICC 配置文件**就是目前使用中的配置文件，存储时一定要勾选此项，才能将色彩配置文件附带在文件中。

存储为方便印刷的 EPS 格式

若相片交件后需要进行印刷或排版，则建议存储为大多数排版软件都能读取的 EPS 格式。请重新打开 318-01.jpg 进行如下练习。

1 执行"**文件/存储为**"命令，如右图选择 Photoshop EPS 格式。

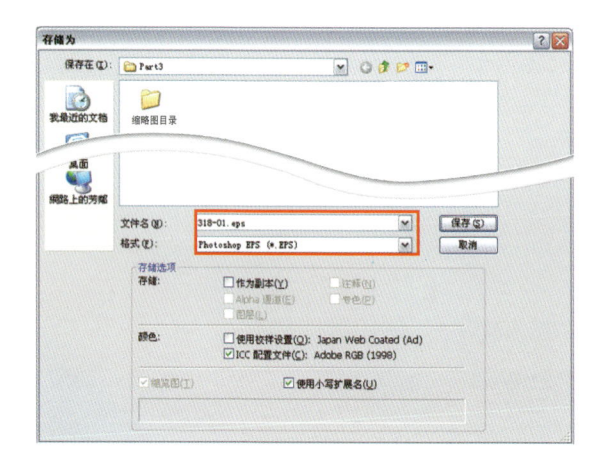

2 请勾选对话框下方的**使用校样设置**项目，以附带之前在屏幕校样时使用的 CMYK 配置文件。

> **TIP** 勾选**使用校样设置**项目时，输出的文件会增大很多。

3 EPS 格式文件通常都很大，因此在预览时会显示一张低分辨率的图片供用户查看，您点击**保存**键后，就要通过 **EPS 选项**对话框来设定该图片。请如右图设定，并点击**确定**键。

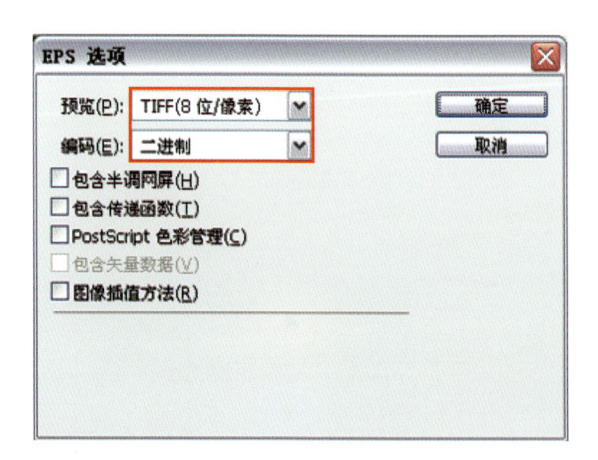

4 存储后，请用 Photoshop 打开该 EPS 文件，就会看到它套用了屏幕校样设定的 CMYK 颜色模式。

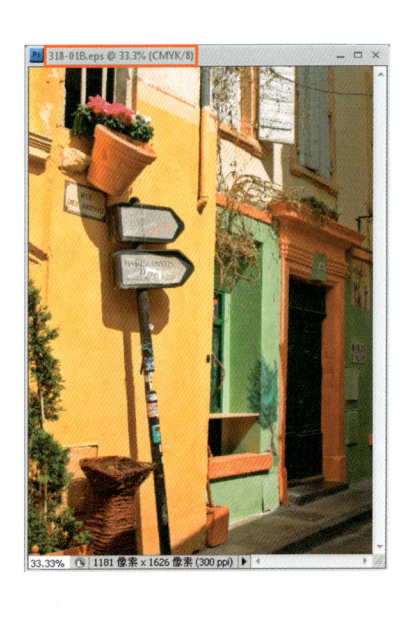

存储为兼容性较高的 TIFF 格式

PSD 文件格式虽然方便，不过必须安装了 Photoshop 才能打开，若您要交件的对象没安装 Photoshop，建议转存为 **TIFF** 格式，则不必通过特定软件即可打开相片。请重新打开 318-01.jpg，执行"**文件/存储为**"命令后进行如下操作。

1 设定文件名及格式后，点击**保存**键。

2 一般选择这两项，差别在于要不要压缩。

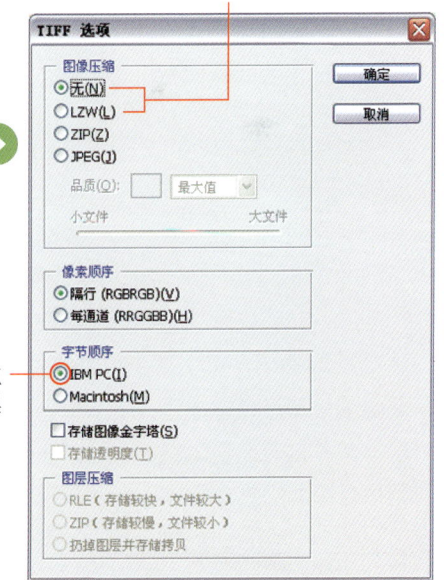

3 若使用 Windows 系统，请点选 **IBM PC**项目；若使用 Mac 系统，则选 **Macintosh** 项目。

设定完成点击**确定**键即可保存。

18-3 将交件用的相片刻录到光盘中

要交件用的相片为了安全起见，建议刻录到 CD 或 DVD 光盘中，这样就不必担心被别人任意修改了。至于交件用的光盘上的文字说明，可参考下面的范例图。

光盘的文字说明最好不要使用贴纸，以免有些光盘机无法读取，建议用光盘专用笔直接写在光盘上面。

除了刻录好的光盘，若有需要将照片送去印刷，别忘了再附上您打印出来的打样（制作方法可参考上一单元），供输出中心比对色彩。最后寄出光盘与打样，交件流程到此就完整了！

利用网络交件

由于宽带的普及，目前许多公司或输出中心也提供了网络传输的服务，最常见的做法就是架设 FTP 网站供我们上传文件。您只要向对方索取该站的网址、账号与密码，上网登录后即可传输文件，若有错误也可即时更改重传，省去邮寄或亲自送文件的时间和成本。不过若是要印刷的相片，就必须另外寄送打印的稿样或通过后续的打样流程，才能确保输出的色彩没有误差。

PART [4]

RAW文件编修技巧

目前高档数码相机除了可将相片存成 JPEG 格式外,还可选择存储成 RAW 格式。与 JPEG 格式相比较,RAW 格式可拥有更多编修调整的可能性。本章我们为您介绍 RAW 格式及其特质,并说明如何利用 Photoshop 的 Camera Raw 增效模组来调整 RAW 文件的白平衡和亮度、色彩、锐度、色晕等。

RAW 文件与其编修工具:Camera Raw 增效模组
Camera Raw 增效模组的基本操作
修改 RAW 文件的属性设定
调整白平衡
调整明暗对比
调整色相与饱和度
调整锐化程度及降低噪点
修正紫边(红边)与四边暗角问题
针对相片的局部范围进行调整
存储 RAW 格式编修成果
将调整设定套用到有相同问题的多张相片上

1 RAW 文件与其编修工具：Camera Raw 增效模组

目前各品牌相机的 RAW 格式并不相同，常见的 RAW 格式包括：Canon 的 .CRW与.CR2；Nikon 的 .NEF；Sony 的 .SRF；Olympus 的 .ORF；Fuji 的 .RAF等。以往 RAW 文件的编修工作需通过各相机厂商提供的 RAW 专用程序执行，但自从 Photoshop 提供了 **Camera Raw 增效模组**后，我们即可直接利用它来处理各种 RAW 文件，处理后还可自动载入 Photoshop，让您轻松调出高品质的相片。

1-1 RAW 格式的好处

数码相机所拍摄的 RAW 文件，是直接由 CCD 或 CMOS 感光元件取得的原始相片信息，没有经过转换或压缩，因此可保持最大的编修弹性。不过 RAW 文件无法像其他通用的相片文件格式 (如JPEG或TIFF) 一样直接打开，必须先经过格式转换，才能载入一般图像处理软件中进行后期编修。

既然 RAW 文件需要经过转换才能在图像处理软件中打开，似乎不如使用 JPEG 或 TIFF 格式简单、方便，为什么还要使用 RAW 格式呢？由于目前数码相机使用的 CCD 和 CMOS 并不是理想的感光元件，因此由 CCD 或 CMOS 所拍摄的相片，都必须加以处理才会呈现较接近实景的结果。这个处理的过程多半是在相机内进行，因此我们由存储卡取得的 JPEG和TIFF 文件已是经过处理的相片。

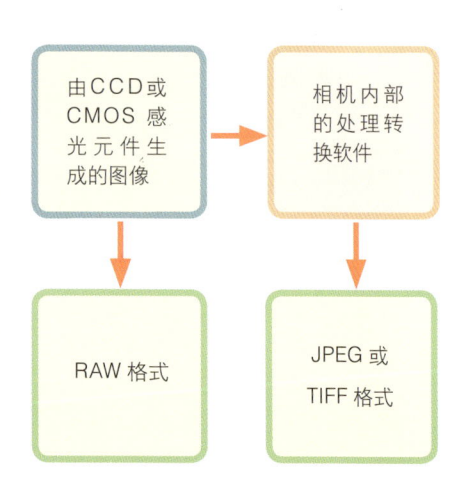

由CCD或CMOS感光元件生成的图像 → 相机内部的处理转换软件 → RAW 格式 / JPEG 或 TIFF 格式

使用 RAW 格式的好处在于 RAW 文件未经过任何软件的修饰、转换或压缩，好比一块未经琢磨的璞玉，可保持最大的编修弹性。

1-2 使用 Camera Raw 增效模组和 Photoshop 在编修上的差异

要编修 RAW 文件，您可利用 Photoshop 提供的 **Camera Raw 增效模组**软件来处理 (以下简称 Camera Raw)，也可将 RAW 文件转存成可在 Photoshop 编辑的格式，利用 Photoshop 的各项功能进行编修。

Camera Raw

Photoshop

Camera Raw 和 Photoshop 都可以用来编修相片，那么两者究竟有何差异？以下特别整理出几点供您做选择上的参考。

- **操作的专业性**：Camera Raw 是针对 RAW 格式处理而生的软件，而 Photoshop 则是涵盖设计和图像等多领域的图像处理软件，因此对摄影者而言，Camera Raw 的操作方式比 Photoshop 更直接且好上手。例如，Camera Raw 提供了**白平衡**、**镜头校正**和**相机校准**等与摄影息息相关的功能供您调整设定，而 Photoshop 要修正上述问题则必须通过**曲线**、**色彩平衡**和**滤镜**等较难直接联想到的功能去处理，对不熟悉的人而言较难习惯。

Camera Raw 提供了与摄影息息相关的功能，方便您针对相片的问题做编修。

- **编修弹性及文件大小的考虑**：用 Photoshop 编修相片时，善用**调整图层**可在不破坏相片的前提下进行调整，而且事后还可以反复编修 (参见第 3 章第 11 单元)，不过若要存储调整图层，不仅要选择特定格式 (如 TIFF 或 PSD)，而且文件大小还可能增加 10 倍！而 Camera Raw 是将调整结果以"元数据"的方式储存起来 (本章稍后会进一步说明)，因此不管怎么编修，都不用担心破坏相片的原始资料，而且这些元数据通常只有几 KB，不必担心硬盘空间迅速爆增。

◀ 调整图层可在不破坏相片的前提下反复编修相片，删除调整图层即可恢复相片的原貌。

◀ 用 Camera Raw 编修 RAW 文件后，会自动产生存储调整结果的同名 .xmp 文件，删除 .xmp 文件即可恢复相片的原貌。

- **特殊处理的可能性**：Photoshop 是涵盖设计和图像等多领域的图像处理软件，因此自然拥有比 Camera Raw 强大且丰富的特殊编修功能，如鱼眼效果和光影效果等。不过编修相片的本意是为了提升相片的品质，合成与特效等处理已过于偏向设计层面，从一般摄影工作考虑，其实 Camera Raw 提供的功能就绰绰有余了。

2 Camera Raw 增效模组的基本操作

使用 Photoshop 打开 RAW 文件或在 Bridge 中双击 RAW 文件缩略图时，会自行启动 **Camera Raw 增效模组**，让我们针对 RAW 文件进行各项调整，如白平衡、曝光度、锐化及除噪点等，调整好后可选择在 Photoshop 中打开，以继续编修，也可以直接转存为 JPEG、TIFF 和 PSD 等文件格式。

在 Photoshop 中打开 RAW 文件就如同打开一般相片，执行 **"文件/打开"** 命令，然后选择欲打开的 RAW 文件，就会出现如下的对话框，这就是 **Camera Raw 增效模组**的编辑环境。请打开范例文件 402-01.ORF。

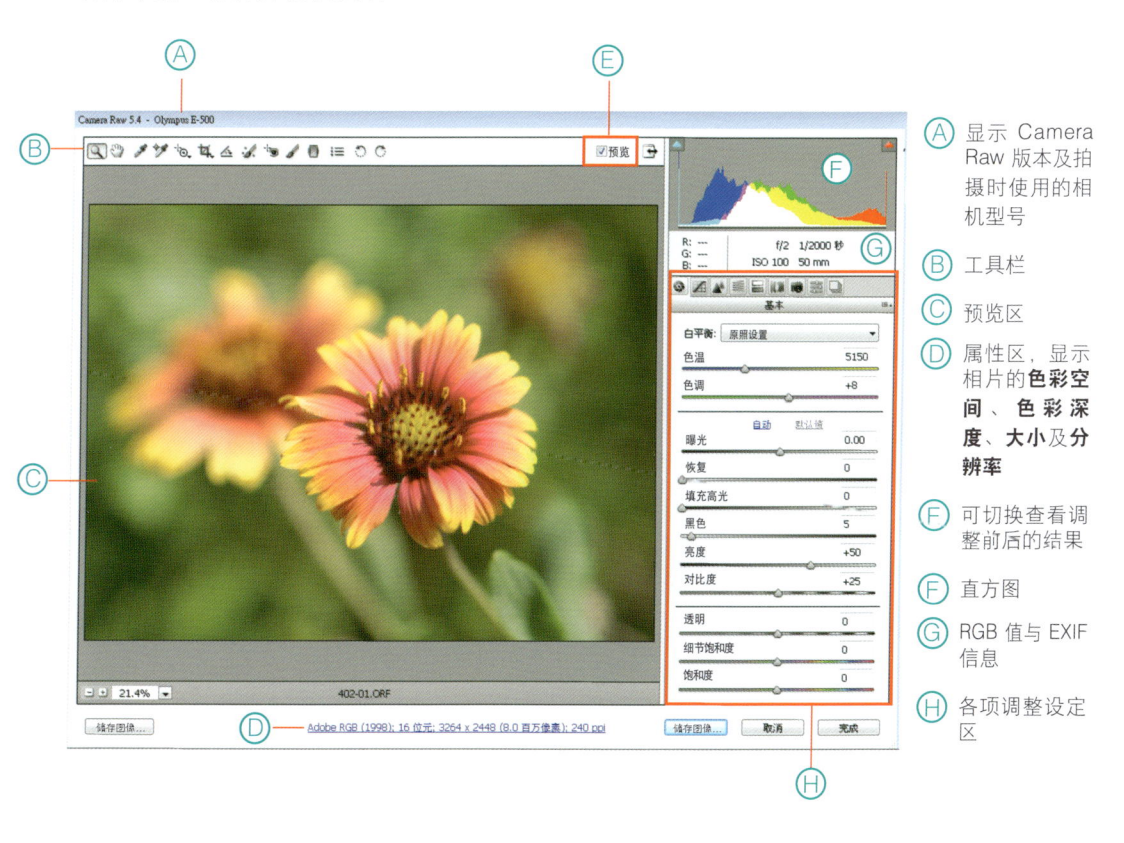

- A 显示 Camera Raw 版本及拍摄时使用的相机型号
- B 工具栏
- C 预览区
- D 属性区，显示相片的**色彩空间**、**色彩深度**、**大小**及**分辨率**
- E 可切换查看调整前后的结果
- F 直方图
- G RGB 值与 EXIF 信息
- H 各项调整设定区

> **TIP** 本书以 Camera Raw 5.4 版本为范例进行介绍。

选择工具栏中的**缩放工具** 🔍 后，在预览区中点一下可放大相片（按住 Alt 键（Windows）/ option 键（Mac）再点击则可缩小）、拖拽框选可放大特定范围，是查看细节的便利工具；放大后点选**抓手工具** 🖐，在预览区中按住左键拖拽，可改变查看范围。

另外，您也可以利用预览区左下角的**选取缩放显示层级**列表，直接指定想要的显示比例；选择**符合视图大小**则可将相片缩放至符合预览区的大小。

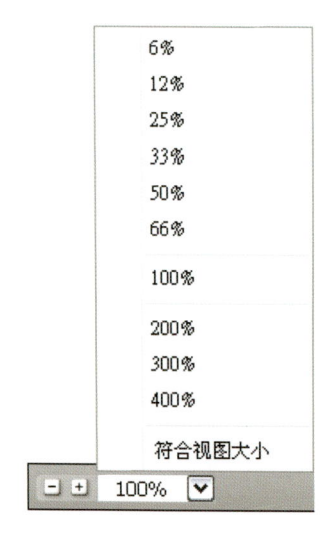

Camera Raw 提供了丰富的相片调整功能，稍后将会陆续说明实用的操作技巧。若要取消编辑并关闭 Camera Raw，只要点击 Camera Raw 右下角的**取消**键即可。

> **TIP** Camera Raw 也可调整 DNG、JPEG 或 TIFF 格式的相片，先打开 Bridge，然后在 DNG、JPEG 或 TIFF 文件的缩略图上点击右键，执行"**在 Camera Raw 中打开**"命令即可。

Camera Raw 是用"元数据"来存储相片的修改记录

我们可以将 RAW 文件想象成相片的原始底片，在每次要输出前，都可以在数码暗房中重新调整白平衡、曝光值、明暗对比、饱和度和锐化等。因此，当我们在 Camera Raw 中修正或调整 RAW 文件时，都不会破坏 RAW 文件的原始资料，而是将调整记录以"元数据"的形式存储在随附的同名 .xmp 文件中（如果是 DNG、JPEG 或 TIFF 格式，则会将元数据存储在文件之中）。

当我们再次打开或预览 Camera Raw 编修过的文件时，会自动载入元数据内的编修记录并加以套用，然后再次显示。此外，这些元数据还可以套用到其他文件上或另外存储起来，以便重复使用（参见本章第 11 单元）。

3 修改 RAW 文件的属性设定

Camera Raw 下方的**属性区**可以让我们修改相片的基本属性，包括相片所使用的色彩空间、色彩深度、缩放相片的像素大小及打印的分辨率等，这些设定攸关相片编修的细节表现及输出品质的好坏，可别疏忽了！

打开 RAW 文件后，点一下对话框最下方**属性区**的文字，可打开**工作流程选项**对话框来修改 RAW 文件的属性设定。

- **色彩空间**：指定要嵌入相片的目标色彩配置文件，也就是要运用哪一组色彩空间来描述相片的色彩。原则上，我们会根据 Photoshop 的 **RGB 使用中色域**来选择，如 Photoshop 目前的 **RGB 使用中色域**是 sRGB，那么就选 **sRGB**。

查看 Photoshop 的 RGB 使用中色域设定

在 Photoshop 中执行"**编辑/颜色设置**"命令，可查看目前的**工作工间**。如果您的相片多用于网络或在电脑显示器上观看，请选择一般屏幕的标准色域，即 **sRGB**；若相片主要用途是高品质输出，则应该使用 **Adobe RGB**，因为 Adobe RGB 色域比 sRGB 广，可涵盖绝大部分的打印色彩。

- **色彩深度**：可指定要使用 **8 位/通道**还是 **16 位/通道**的色彩深度。16 位可以充分保存相片的细节资料，加上 Photoshop 对于 16 位相片的支持已大幅提升，所以建议您选择 **16 位/通道**，让相片拥有最充足的细节以应对后期制作的编修处理。

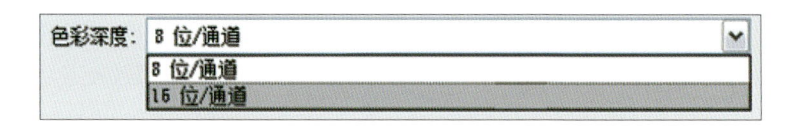

- **大小**：提供多组像素大小供选择，其中没有附加 + 或 − 符号的选项，就是拍摄时使用的原尺寸，附加 + 的选项表示放大，附加 − 的选项表示缩小。在 Camera Raw 中改变相片的像素大小 (选择附加 + 或 − 符号的选项)，则转换到 Photoshop 或另存文件时会重新取样，但并不会影响 RAW 文件本身。

- **分辨率**：用来设定输出时的分辨率，也就是决定相片输出后的尺寸，对于像素大小并没有影响。例如，一张 3264 × 2448 像素、分辨率 240 **像素/英寸**的相片，打印出来的尺寸约为 34.54 厘米 × 25.91 厘米；若分辨率设为 350 **像素/英寸**，则打印出来的尺寸会变成 23.69 厘米 × 17.77 厘米。一般来说，若想要获得较好的输出品质，建议将分辨率设为 **350 像素/英寸**。

> TIP 若对像素大小、印刷出来的文件尺寸与分辨率还不清楚，请参考第 3 章第 13 单元的说明。

- **锐化**：调整后的 RAW 文件若不打算再用 Photoshop 进行后期制作，而要直接转存成电脑查看用的相片或印刷至铜版纸或光面纸上，可在此选择**锐化**的方式，并于**总量**列表选择锐化程度；若后续还会利用 Photoshop 做调整，那么设定**无**即可，待进入 Photoshop 处理好相片后，再使用**USM锐化**滤镜来调整 (参见第 3 章第 12 节)。

4 调整白平衡

人的眼睛和大脑会自动调适环境光源（如太阳光、夕阳和日光灯等）的差异，所以当我们从户外走进办公室时，同一件白色的衬衫看起来依然是白色，并不会变绿或变黄。但数码相机必须靠使用者指定光源类型或由自动侦测功能来调整，一旦白平衡设错，那么白色可能就会变得偏黄或偏蓝了。若发现相片出现白平衡错误的问题，您可以尝试利用本单元介绍的功能加以改善，让相片恢复色彩平衡的状态。

白平衡是影响相片色彩非常重要的因素，尤其在进行商业摄影时，为了准确地呈现商品的颜色，白平衡设定便显得格外重要。如果拍摄时相机已设定了正确的白平衡，则在 Camera Raw 的**基本**界面设定**白平衡**时，可维持预设的**原照设置**选项。

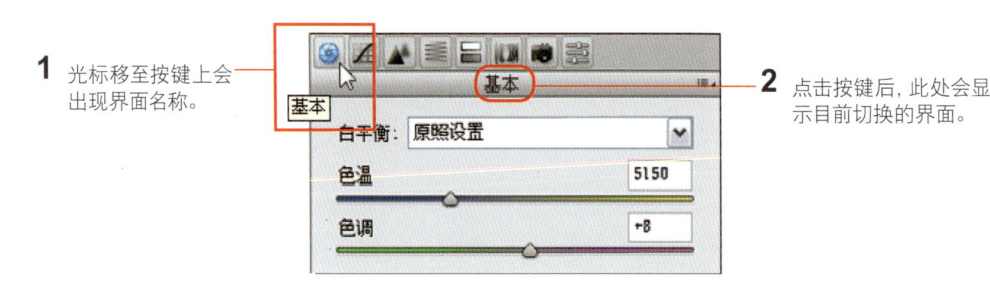

1 光标移至按键上会出现界面名称。

2 点击按键后，此处会显示目前切换的界面。

若设定不正确，您可以利用以下几种方式重新设定白平衡，修正偏色以达到色彩平衡状态。

套用现成的白平衡设定

直接从**基本**界面的**白平衡**列表选择现成的白平衡设定，如**自动**、**日光**、**阴天**和**阴影**等。

调整色温与色调

若现成的白平衡选项无法获得满意的结果，您可利用**基本**界面的**色温**与**色调**滑块来设定白平衡。

- **色温滑块**：拖拽**色温**滑块可自由设定环境光的色温，将**色温**滑块往右移动会加强暖色调，向左移则会加强冷色调。在色温较高的环境下拍照，相片容易有偏蓝的现象，这时可将**色温**滑块向右移来校正；在色温较低的环境下拍照，相片容易有偏红或偏黄的现象，这时请将**色温**滑块向左移来校正。

- **色调滑块**：拖拽**色调**滑块可调整相片的绿色与洋红色色调。将**色调**滑块向右移动会加强洋红色色调（**色调**栏中显示正值）；将**色调**滑块向左移动则会加强绿色色调（**色调**栏中显示负值）。

调整阴影的色调

有些相片的偏色问题比较麻烦，经过**基本**界面的**色温**与**色调**滑块调整后，虽然亮部和中间调部分的色彩已经修正得差不多了，可是在阴影部分却还残留着少许偏色问题，这时可调整**相机校准**界面**阴影**区的**色调**滑块。此滑块的作用和**基本**界面中的**色调**滑块类似，但调整范围只限阴影部分，当我们将滑块向右移时，会增加阴影的洋红色色调，向左移时则会增加阴影区的绿色色调。

点击此键可切换至**相机校准**界面

使用"白平衡工具"

相片中若拍摄到应该是白或灰等无色彩的物体时，可利用**白平衡工具**来调整白平衡。用**白平衡工具**在相片中应该是白色或灰色的地方点一下，便会将该处视为无色彩，并自动调整相片的**色温**与**色调**来修正白平衡。

例如，范例文件 404-02.CR2 这张相片，拍摄时忘了将相机的白平衡调成阴天模式，导致白色的冰霜有偏蓝的现象，此时用**白平衡工具**在冰霜上点一下，即可快速修正白平衡。

404-02.CR2

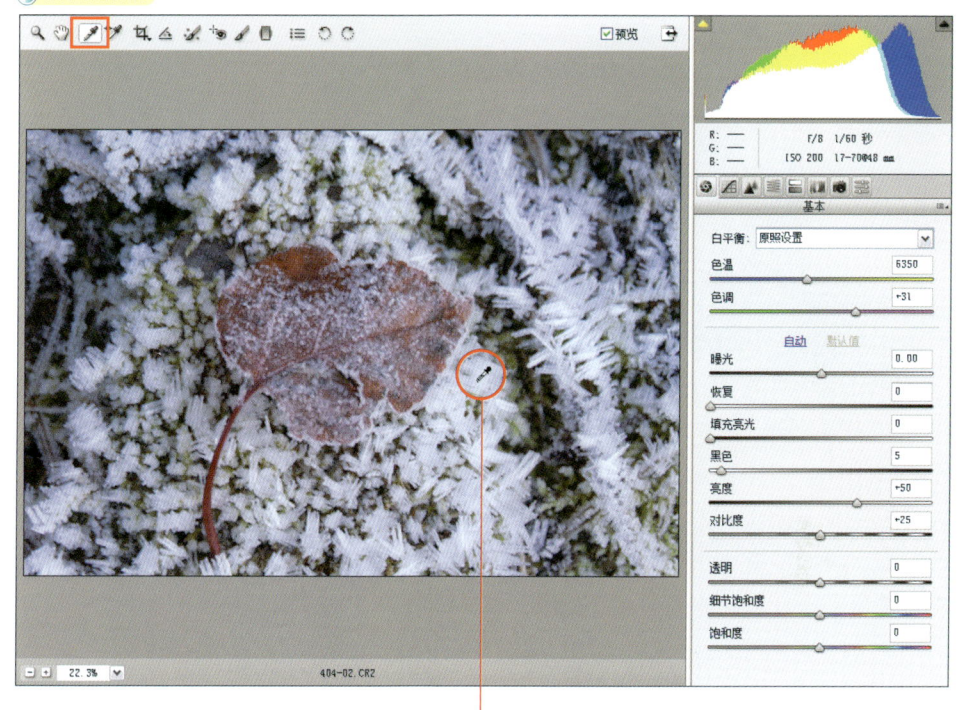

点击冰霜,调整结果会因为点击位置而产生微妙的差异变化,您可以自行尝试不同的点击位置,以取得最理想的结果。

调整前　　　　　　　　　　　　　使用**白平衡工具**调整后的结果

5 调整明暗对比

有时受到拍摄环境的影响，相片可能会出现过亮、过暗或对比不足的情况。例如，在大太阳下拍出来的相片可能会过亮；而在光源较弱的环境中则容易拍出偏暗的相片；阴天拍摄时，由于光线的反差不大，相片容易缺乏对比而显得平淡。本单元要告诉您如何利用 Camera Raw 来改善上述问题。

5-1 调整基本的明暗对比

想改善明暗对比的问题，最快捷的方法就是点击**基本**界面**曝光**滑块上方的**自动**项目，让 Camera Raw 自动帮我们调整明暗对比。当然，若对自动调整后的结果不满意，您可点击**默认值**项目恢复原状，再自行调整**曝光**、**恢复**、**填充亮光**、**黑色**、**亮度**和**对比度**等 6 个滑块。

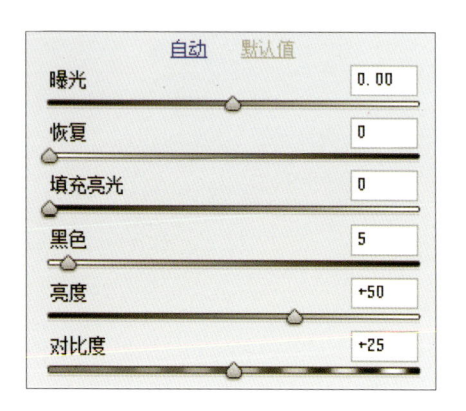

在调整明暗对比时，最担心的就是调过头，导致亮部或阴影的细节丧失。除了观察预览区中的变化来判断之外，您也可以利用 Camera Raw 视窗右上方的**直方图**来避免细节丧失的问题。

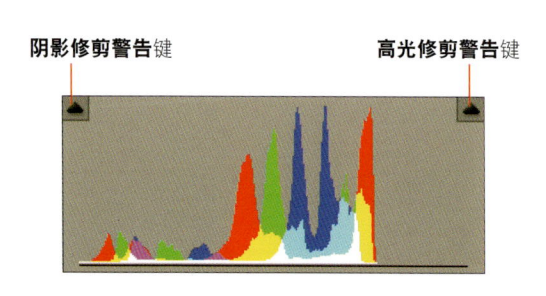

阴影修剪警告键

高光修剪警告键

调整过程中变成黑色以外的颜色，表示阴影开始出现细节丧失的情况。

调整过程中变成黑色以外的颜色，表示亮部开始出现细节丧失的情况。

直方图

当亮部或阴影出现细节丧失的警告时，就是在提醒您："调过头了！"此时便需要视情况修正各滑块的设定值(当然若是刻意要呈现对比强烈的效果，则可不予理会)。

- **曝光**：调整整张相片的明暗度，将**曝光**滑块向右移会使相片变亮，向左移则变暗。**曝光**滑块使用的度量单位和相机的曝光值是相同的，如**曝光** +1.50 就相当于增加 1½ 光圈值，**曝光** -1.50 就相当于减少 1½ 曝光值。

405-01.NEF

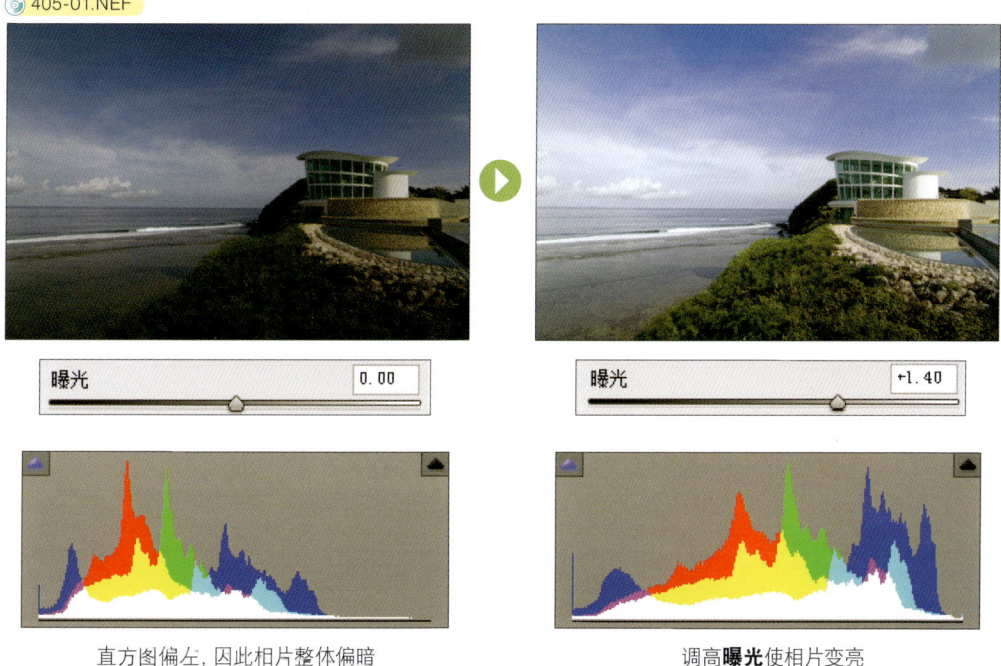

直方图偏左，因此相片整体偏暗

调高**曝光**使相片变亮

要注意的是，过高的曝光值可能会导致亮部细节丧失。除了随时观察直方图之外，调整过程中也可随时按住 Alt 键 (Windows) / option 键 (Mac) 再拖拽滑块，此时预览区会变黑，若出现其他颜色，即为亮部细节丧失的部分，借此也可帮助您做适当地调整。

> **TIP** 调整**恢复**和**黑色**滑块时，也可按住 Alt 键 (Windows) / option 键 (Mac) 再拖拽，以查看亮部或阴影的细节是否丧失。

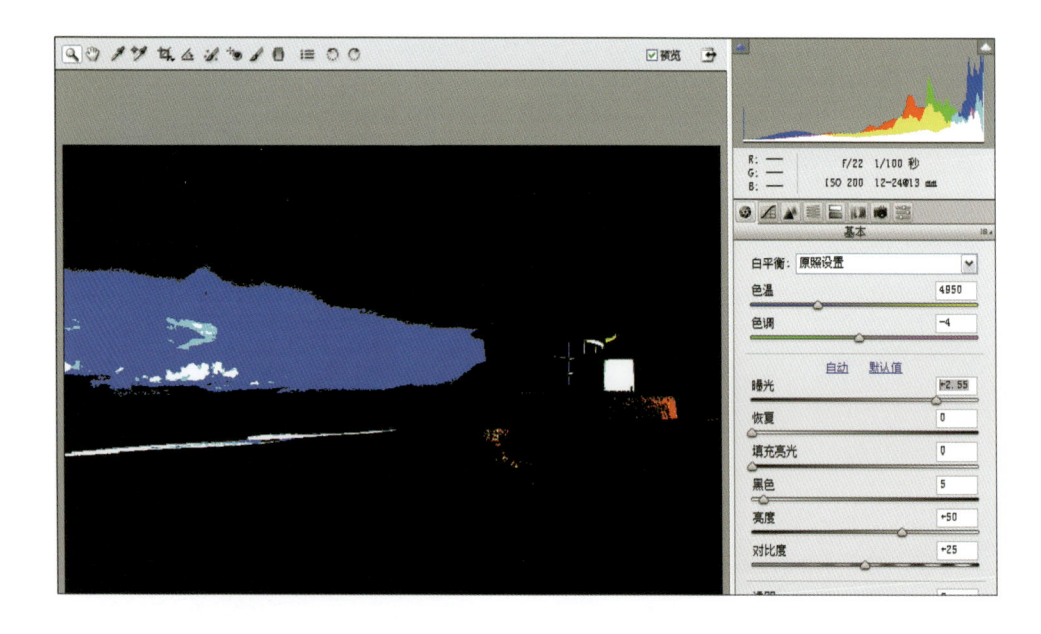

- **恢复**：针对亮部调整而不影响阴影，可让过亮的地方变暗以复原亮部的细节。
- **填充亮光**：针对阴影调整而不影响亮部，可让过暗的地方变亮以复原阴影的细节。

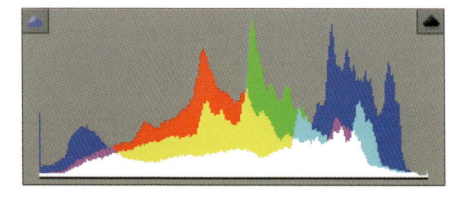

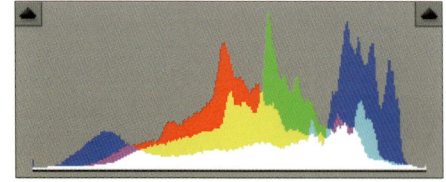

调高**填充亮光**后，绿色草丛的细节变得比较明显。

- **黑色**：作用在设定最暗点，凡是亮度低于最暗点的像素都会被对应到黑色。**黑色**值越高，对比越强，但阴影所丧失的细节也越多，所以**黑色**值建议不要调得太高。若觉得对比不够，可使用**对比**滑块或在 Photoshop 中做补偿。

- **亮度**：用来调整相片的明暗，将滑块向右移会使相片变亮，将滑块向左移则会使相片变暗。看起来**亮度**的作用好像和**曝光**一样，但**曝光**其实是设定最亮点，如同在 Photoshop **色阶**对话框中**调整亮部输入色阶**，而**亮度**则相当于**调整中间调输入色阶**。

- **对比度**：用来控制中间调部分的对比程度。增加对比时，从中间调到偏暗的部分会变得更暗，从中间调到偏亮的部分则会变得更亮。通常我们会先调整**曝光**、**黑色**和**亮度**，最后仍有需要时再用此功能来调整中间调的对比。

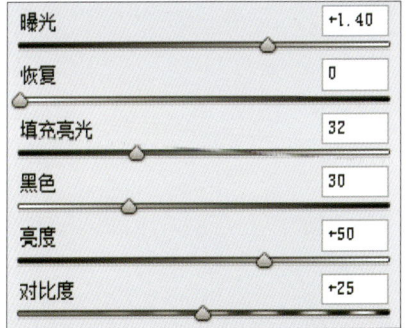

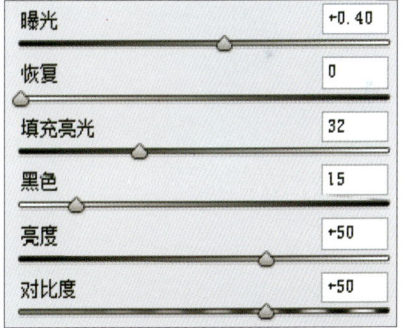

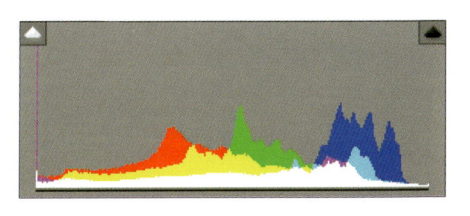

适度调高**黑色**可提高对比效果，但过高的**黑色**值容易让相片丧失过多暗部细节。

利用**对比度**滑块来加强明暗对比，不容易产生暗部过黑的问题。

5-2 利用曲线调整明暗对比

若想利用更具弹性的方式来调整明暗对比或在**基本**界面调好整体色调后，还想进一步做微调，您可以切换到**色调曲线**界面进行调整，其中包含**参数**和**点**两种，下面简单做说明。

- **参数**：将色调曲线划分成 4 等份，由左至右依次为**高光**、**亮调**、**暗调**和**阴影**，通过调整相对应的滑块，即可改变曲线的弧度，进而使相片的明暗对比产生变化。您也可拖拽 16 宫格下方的分割点，来改变调整滑块的对应范围。

- **点**：预设为**中对比度**，表示会稍微加强整张相片的对比度。若觉得对比不够，可下拉**曲线**列表选择**强对比度**或自行拖拽曲线来调整。拖拽处若无控点会自动产生控点，按住 Ctrl 键 (Windows) / ⌘ 键 (Mac) 再点控点则可移除。

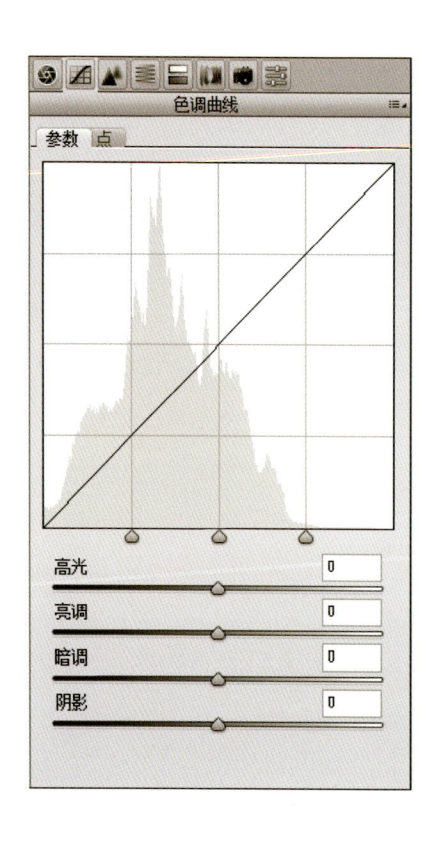

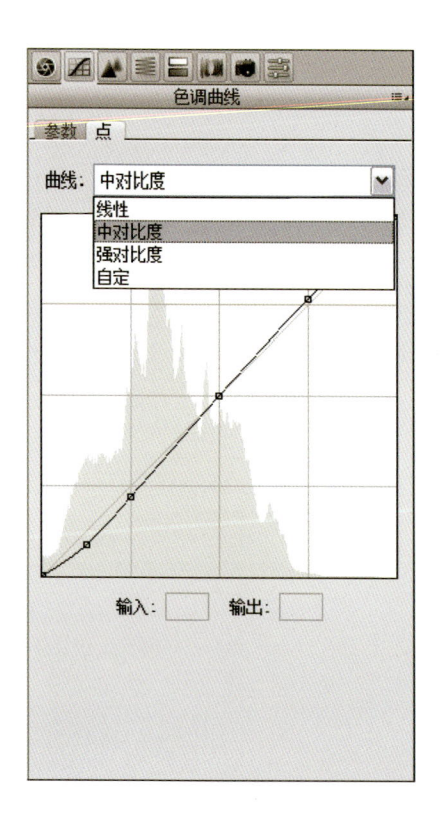

6 调整色相与饱和度

偏色是拍照时很容易遇到的问题。通过调整白平衡可改善整张相片的色彩，但如果只有部分颜色偏差时该如何处理？另外，有些相片在调整明暗对比后，整体色彩会略显黯淡，又该如何处理？试试 Camera Raw 提供的色相与饱和度功能吧！

6-1 调整整张相片的饱和度

要加强或降低整张相片的鲜艳度，可利用**基本**界面下方的**细节饱和度**及**饱和度**滑块来达到目的，调整范围由 –100（单色）到 +100（两倍饱和度）。

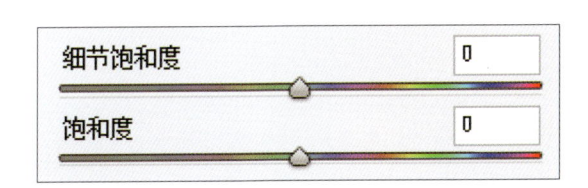

饱和度是平均调整所有色彩的饱和度。提高**细节饱和度**时，相片中饱和度较低的部分会提高较多，而饱和度越高的部分则提高越少，如此可避免过于饱和的现象。

406-01.CRZ

6-2 调整特定色彩范围的色相与饱和度

想要调整相片中的特定色彩，您可以切换到 **HSL/灰度** 界面，调整个别颜色的**色相** (H)、**饱和度** (S) 与 **明亮度** (L)。例如，当相片中的洋红色部分看起来过于黯淡，则可在**饱和度**界面中增加**洋红**滑块的值。

▶ 调整前，**色相**、**饱和度** 和 **明亮度**界面的所有滑块值皆为 0。

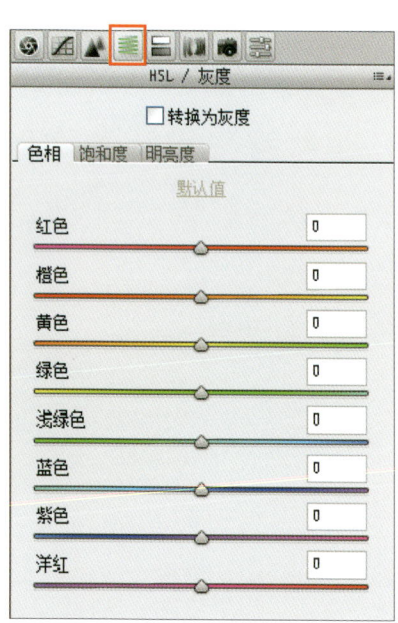

▶ 在**色相**界面向右拖拽**黄色**滑块，让荷叶更加翠绿。

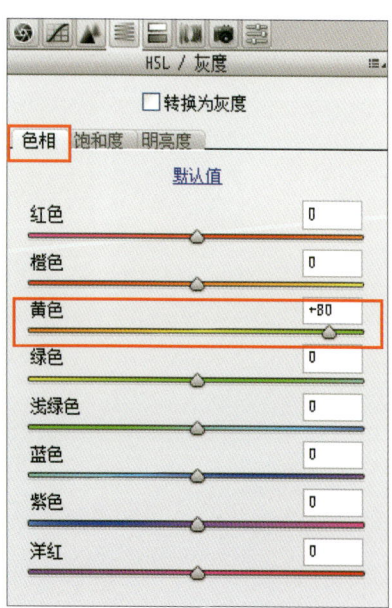

切换到**饱和度**界面并向右拖拽 ▶
洋红滑块，让荷花更鲜艳。

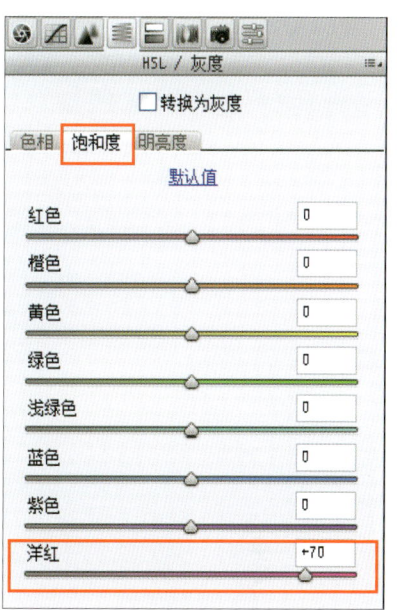

切换到**明亮度**界面，并向右拖拽**黄色** ▶
与**洋红**滑块，让荷花与荷叶更明亮。

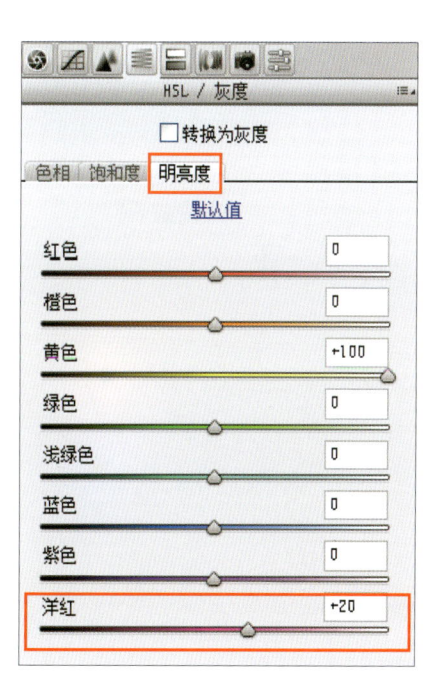

若觉得无法判断该调整哪个颜色的滑块，不妨试试**目标调整工具**。按住键不放可展开菜单，让您选择要调整的项目（如色相、饱和度和明亮度等），选好后在相片上欲调整的部分拖拽即可调整。向上或向右拖拽可增加数值；向下或向左则可降低数值。

Camera Raw 5.2 (或以上) 版本才有此工具钮

✓ 参数曲线	Ctrl+Shft+Alt+T
色相	Ctrl+Shft+Alt+H
饱和度	Ctrl+Shft+Alt+S
明亮度	Ctrl+Shft+Alt+L
灰度混合	Ctrl+Shft+Alt+G

请按住 Alt (Windows) / option (Mac) 键，再点击**重设**键或重新打开 406-01.CR2。例如，想要加强荷叶的饱和度，可按住 执行"**饱和度**"命令后，在荷叶上按住鼠标左键并向上拖拽即可。

▶ HSL/**灰度**界面**饱和度**的相对应滑块会自动调整数值。

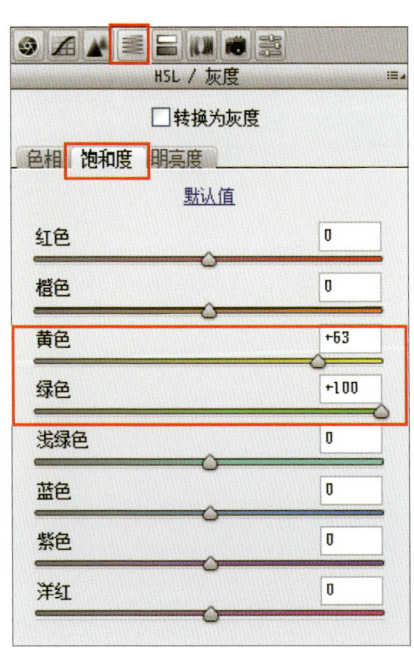

黄色 +63
绿色 +100

将彩色相片变成灰度或具有特殊色调的相片

勾选 **HSL/灰度**界面的**转换为灰度**界面，Camera Raw 会自动调整为最佳的色彩灰度设定，让彩色相片变成灰度相片。若不满意自动调整的结果，可再自行拖拽个别色彩滑块。

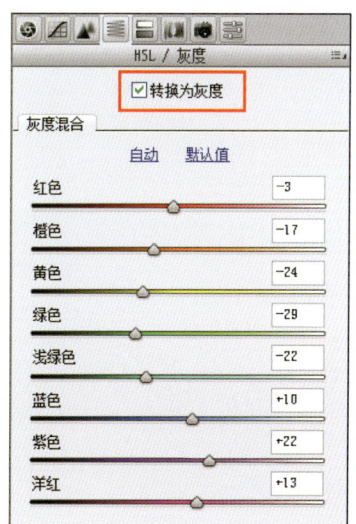

灰度混合	
红色	-3
橙色	-17
黄色	-24
绿色	-29
浅绿色	-22
蓝色	+10
紫色	+22
洋红	+13

若要为灰度相片上色以营造出特殊的色调，可切换至**分离色调**界面进行调整。

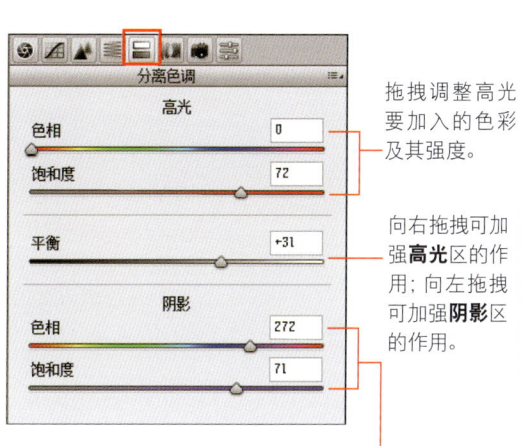

分离色调

高光
- 色相 0
- 饱和度 72

平衡 +31

阴影
- 色相 272
- 饱和度 71

拖拽调整高光要加入的色彩及其强度。

向右拖拽可加强**高光**区的作用；向左拖拽可加强**阴影**区的作用。

拖拽调整阴影要加入的色彩及其强度。

7 调整锐化程度及降低噪点

拍摄时，因 ISO 值过高或曝光时间过长，都可能使相片产生噪点，此时可利用**细节**界面**减少杂色**区来做改善；而降低噪点后，若相片变得有点模糊，则可利用**细节**界面**锐化**区或**基本**界面的**透明**滑块来调整。

7-1 调整锐化程度

当我们希望相片能看起来更清晰时，您有以下两种方式可以达到目的。在调整前请务必将相片放大到 100%，否则可能会看不出调整后的效果。

- **方法 1 利用"基本"界面的"透明"滑块**：以提高对比的方式增加相片的清晰度。调高清晰度的过程中若相片边缘出现光晕，则应稍微降低设定值，避免调过头以确保相片的品质。

◉ **方法 2　利用"细节"界面的"锐化"区**：细分成**数量**、**半径**、**细节**和**蒙版** 4 个调整滑块，让您用更细微的方式来调整锐化程度。

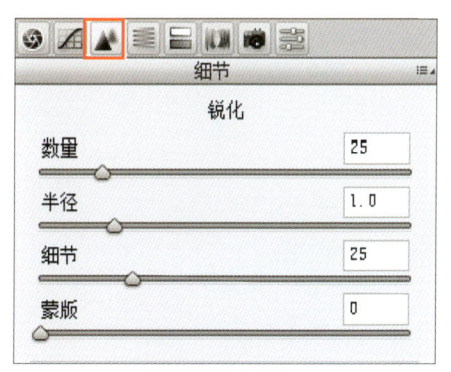

调整前的设定值

数量表示锐化的程度，数值越大效果越明显 (设为 0 即关闭锐化效果)。

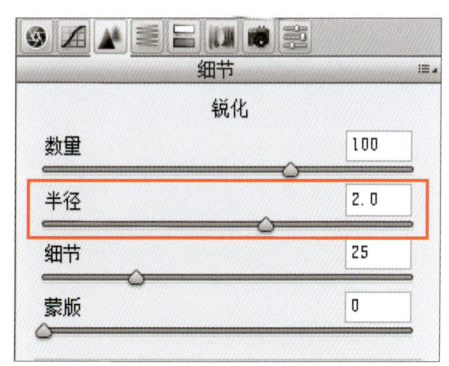

半径可设定锐化的作用半径，也就是强化边缘效果所套用的区域大小，画质精细的相片应使用较低的强度。

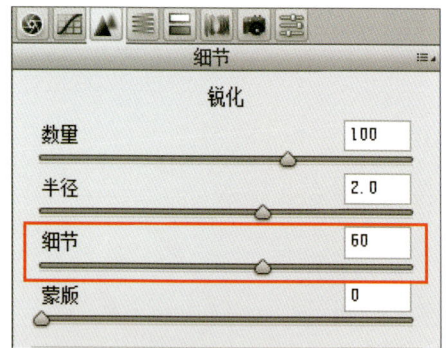

细节可设定对细微边缘的强化程度,数值越大则细微边缘会进行越多的强化,让相片的纹理越明显;越小则只对明显的边缘进行强化。

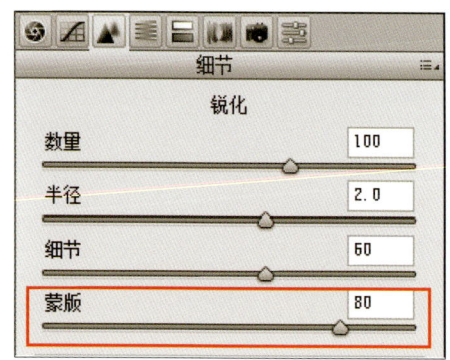

蒙版可设定要多明显的边缘才进行锐化。设为 0 时,整张相片会套用等量的锐化效果;设为 100 时,则几乎只对最粗的边缘进行锐化。

　　通常我们会将锐化调整留到相片处理的最后阶段才执行,因为锐化会大量破坏相片的细节。如果相片在 Camera Raw 中调整好锐化后,还会在 Photoshop 中继续编修,那么可修改 Camera Raw 的偏好设定,让相片在 Photoshop 中打开时自动忽略锐化调整的设定(请参考本章第 11 单元的说明)。

7-2 降低噪点

细节界面中的**明亮度**和**颜色**滑块可帮助我们处理噪点问题。向右拖拽**明亮度**滑块可降低灰度噪点(灰度噪点会让相片看起来有点颗粒状);向右拖拽**颜色**滑块可减少彩色噪点,如一些彩色的杂点与叠纹现象。在调整前请务必将相片放大到 100%,以免看不出效果。

407-02.CR2

减少杂色	
明亮度	0
颜色	25

调整前

减少杂色	
明亮度	100
颜色	100

调整后

请小心拿捏它们的强度,不要清除了噪点却使相片变得模糊了。若将它们的数值调成 0,则可关闭这两个滑块的作用。

8 修正紫边(红边)与四边暗角问题

当相机的镜头没有准确地将不同波长(颜色)的光线对焦至一点上,也就是各光线的焦距不同时,可能导致拍摄的相片出现**色差**,也就是常听到的"紫边"或"红边"现象;**晕影**是指相片周围(尤其是 4 个边角)比中央部分阴暗的现象,这个问题常因广角镜头的滤镜接环太长或镜头装了太多滤镜造成的。若需要改善上述两种情况,您可切换到**镜头校正**界面来处理。

8-1 修正色差

有一种色差会在相片的两边出现互补色的边缘,如一边出现红色边缘,而一边则出现青色边缘。对于这个问题,您可利用**镜头校正**界面中的**修复红/青边**和**修复蓝/黄边**滑块来修正。

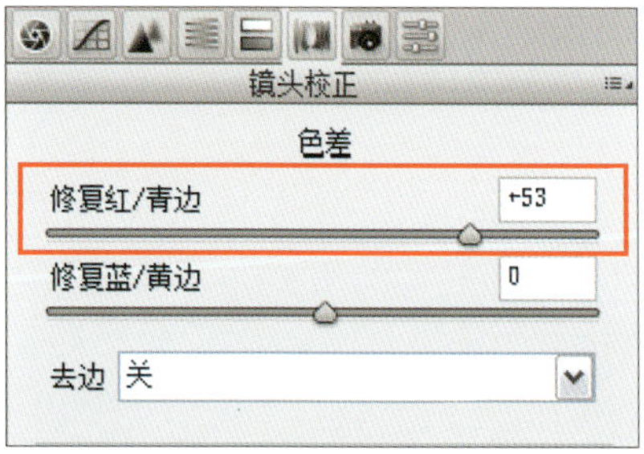

去边列表可将具有颜色的外缘去色。选择**高光边缘**可修正在亮部边缘出现的外缘颜色,这是最常出现色差的地方;**所有边缘**则可针对所有边缘的外缘颜色去色。

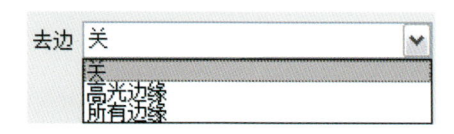

8-2 修正晕影

要修正相片边缘的晕影现象，可利用**镜头晕影**界面的**数量**和**中点**滑块来调整。**数量**滑块可设定调亮或调暗的程度，向左拖拽会变暗，反之则变亮；**中点**滑块用来设定调整的范围 (拖拽**数量**滑块后才会作用)，向左拖拽可让调整范围从角落向中央扩大，向右拖拽则调整范围变小，仅限于接近角落的区域。

📷 408-02.NEF

| 调整前 | 向右拖拽**数量**滑块以消除角落晕影 | 向左拖拽**数量**滑块以扩大晕影，可使主体产生聚焦效果 |

当您利用**镜头晕影**区设好晕影效果后，若用 Camera Raw 的**裁剪工具** 裁切相片，晕影效果会一并裁掉；若想让调整好的晕影效果自动套用在裁切后的相片上，可改用**裁剪后晕影**区来处理。

套用**镜头晕影**区**数量**: -100 的设定

点击 键，拖拽出裁切框后，裁切范围以外的晕影效果也会被裁掉。

套用**裁剪后晕影**区**数量**: -100 的设定

拖拽出裁切框后，晕影效果会自动套用到裁切范围内。

PART 9 针对相片的局部范围进行调整

前面几个单元中，我们都是针对整张相片或特定颜色来做调整，但有时仅需针对特定范围做修正，此时便可利用**调整画笔** 与**渐变滤镜** 来局部调整曝光、亮度、对比度和饱和度等。

9-1 用"调整画笔"做局部编修

用**调整画笔** 在预览区中涂抹出要编修的区域，即可在预览区右方的**调整画笔**面板进行各项调整。例如，409-01.CR2 这张相片中天空的落日余晖比较淡，使日落氛围弱了点，而且云海偏暗导致层次不明显，下面就试着用**调整画笔**来改善。

1 首先要加强天空的落日气氛。请点击**调整画笔** ，在**调整画笔**面板中调整画笔的**大小**、**羽化**、**流量**及**密度**，并勾选**显示蒙版**项目以方便辨识欲编修的范围，即可开始涂抹。若蒙版颜色与相片中的色彩过于相近，可点击**显示蒙版**项目旁的色块重新选色。

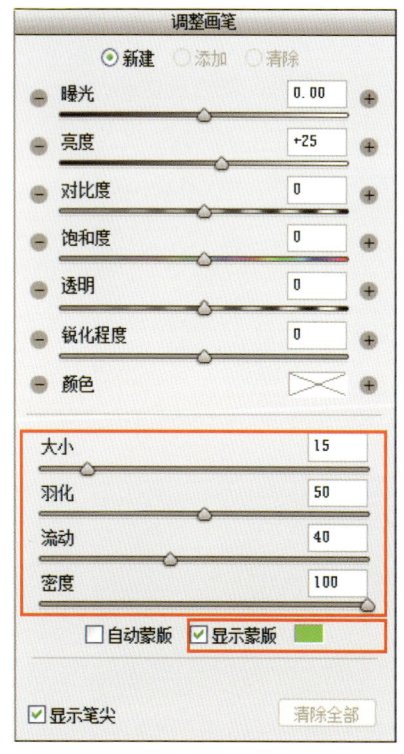

松开左键完成涂抹后，会出现大头针图标作为标记，方便之后选取此涂抹范围。

2 若涂抹到不需要编修的地方，可点击**调整画笔**面板中的**清除**项目，再涂抹欲清除的地方即可。反之，需要增加编修范围时，则选择**新建**项目。涂抹过程中可随时根据相片重新设定画笔。

3 建立好编修范围后，请先取消勾选**显示蒙版**项目，暂时隐藏蒙版，以便观察调整结果，接着即可开始进行各项调整来达到想要的效果。由于要营造黄昏的氛围，请点击**颜色**色块从中选取合适的颜色，最后点击**确定**键即可。

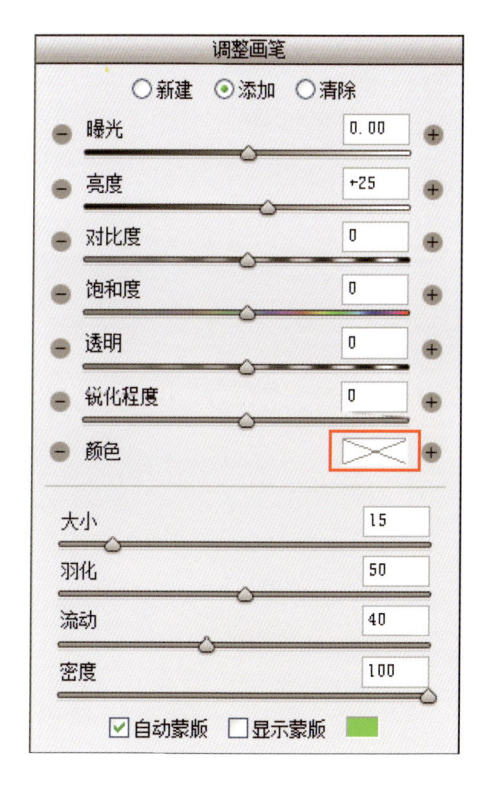

4 然后要处理云海部分。由于要另外新建编修范围，因此请先选择**新建**项目，再按照步骤 1～2 的方法建立蒙版。

出现第二个大头针图标，点击此图标即可切换欲编修的范围。

5 先取消勾选**显示蒙版**项目，再拖拽调整**曝光**、**亮度**、**对比度**和**饱和度**等滑块。要取消**颜色**设定，请点一下**颜色**色块，点击**拾色器**对话框右下角的白色方块 ☐ 即可。

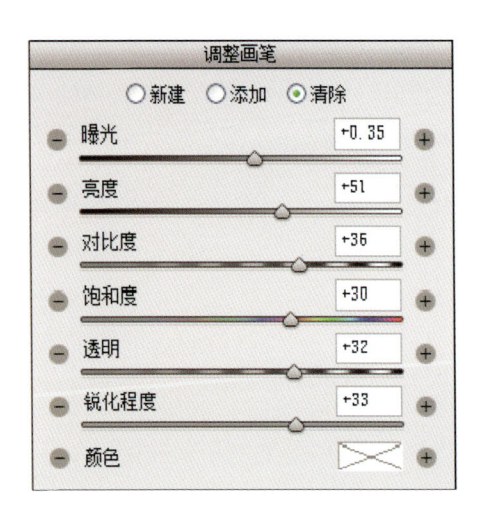

取消**调整画笔**面板下方的**显示笔尖**项目，可隐藏大头针图标。

若要删除某个蒙版的调整效果，您可以点一下大头针图标选取，再按下 Delete 键来清除。若要清除所有蒙版的调整效果，请点击**调整画笔**面板下方的**清除全部**键。

9-2 用"渐变滤镜"做渐进式调整

渐变滤镜 的调整方式与**调整画笔** 几乎相同（因此就不多加赘述），差别在于建立编修范围的方式。**调整画笔** 是用"涂抹"的方式建立编修范围的，而**渐变滤镜** 则是用"拖拽"的方式。

点选**渐变滤镜** 后在预览窗格中拖拽，此时会分别出现绿白与红白虚线，在绿白虚线以外的范围会完全套用**渐变滤镜**面板的设定，而红白虚线以外的范围则不会套用效果。

Ⓐ 完全套用调整效果

Ⓑ 调整效果渐弱

Ⓒ 完全不套用调整效果

Ⓓ 按住绿白或红白虚线并拖拽，可旋转影响范围

Ⓔ 按住绿色或红色控点并拖拽，可缩放影响范围

Ⓕ 按住黑白虚线并拖拽，可移动影响范围

10 存储 RAW 格式编修成果

完成 RAW 文件的编修后，可将 RAW 格式转存成 JPEG、TIFF或PSD 等格式，也可以直接在 Photoshop 中进行后续的处理。本单元会说明各种存储 RAW 文件的方式。另外，还会介绍如何快速转存大量 RAW 文件的技巧，帮您提升工作效率。

利用 Camera Raw 完成 RAW 文件的修正与调整后，您可以根据后续的需求，选择不同的存储方式，以下分别进行说明如下。

- **存储 RAW 文件并关闭 Camera Raw**：按下 Camera Raw 右下角的**完成**键，会在 RAW 文件所在的文件夹中自动产生一个同名的 .xmp 文件，用来保存所有修正与调整设定 (若为 JPEG、TIFF 或 DNG 格式，则会将调整结果内嵌在文件中)，然后关闭 Camera Raw。

  > **TIP** 按下**完成**键储存后，下次再打开同一文件时，便会直接套用调整结果。若想恢复相片原本的设定值来重新调整，可点击调整界面右上方的 键，执行"**Camera Raw 默认值**"命令。

- **存储 RAW 文件并在 Photoshop 中打开**：点击 Camera Raw 右下角的**打开图像**键，会将调整设定存储到 .xmp 文件中，然后再将调校后的 RAW 文件在 Photoshop 中打开，以便进行更多的编修处理。

  > **TIP** 若先按住 Alt 键 (Windows) / option 键 (Mac) 再点击**打开图像**键，可将调整后的 RAW 文件在 Photoshop 中打开，但不存储 RAW 格式。

- **另存成其他格式的文件**：想要将调整后的 RAW 文件另存成 JPEG、TIFF、PSD 或 DNG (数码负片) 格式，请点击 Camera Raw 左下角的**存储图像**键。

① 选择存储位置。 ▶ ② 设定命名规则，也可自行输入文字。 ▶ ③ 选择文件格式并进行相关设定（各文件格式有不同的选项可设定）。 ▶ ④ 按下**存储**键即可另存新文件，并返回 Camera Raw。

> **TIP** 数码负片 (DNG) 格式是一种开放且通用的 RAW 格式，只要支持 RAW 格式的软件几乎都会支持此格式，而且许多相机品牌 (如Leica、Casio、Ricoh和Pentax 等) 也逐渐开始提供 DNG 格式作为拍摄的存储格式。其好处除了极佳的软件通用性之外，也可避免未来因软件停止支持某机型专用的 RAW 格式，而导致无法打开文件的情况。

若不打算保存任何调整结果或开错文件等，只要点击 Camera Raw 右下角的**取消**键，即可放弃所有修改并关闭 Camera Raw。

快速将大量 RAW 文件另存成 JPEG、TIFF 或 PSD 格式

若需将大量的 RAW 文件另存成 JPEG、TIFF 或 PSD 格式时，一张一张手动存储就太耗时了，全部交给电脑自动处理吧！例如，您可趁外出或休息时进行自动转换，让时间运用上更有弹性。请打开 **Bridge**，然后进行如下操作。

Next

存储 RAW 格式编修成果

10

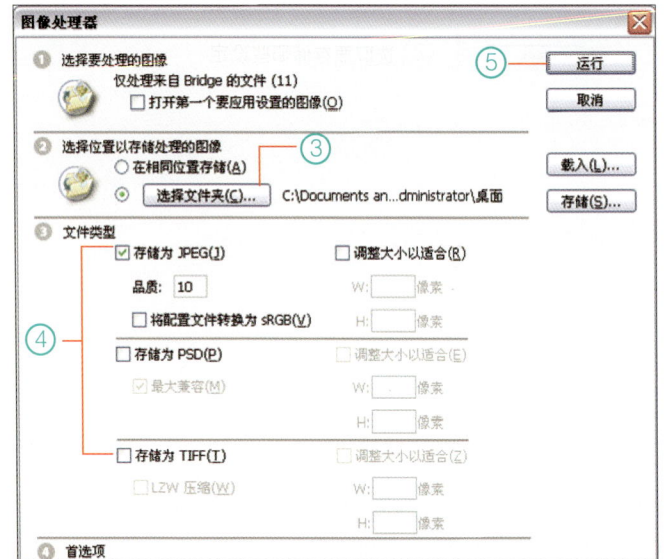

① 选取欲转存的 RAW 文件（若没有选取任何文件，则会转存目前文件夹中 Photoshop 可支持格式的所有文件）。

② 执行**工具/Photoshop/图像处理器**命令。

③ 选择存储的位置，如**桌面**。

④ 选择转存后的文件格式。

⑤ 点击**运行**键。

接着 Photoshop 便会开始自动转存 RAW 文件了。转换结束后，会在所选的存储位置中自动产生以文件格式命名的文件夹 (如 **JPEG**)，其中便包含所有转存后的相片。若已经用 Camera Raw 调整过的相片，转存后便会是调整过的结果。

11 将调整设定套用到有相同问题的多张相片上

有时在同一个场景拍摄了多张相片，当相片数量很多时，逐张调整实在累人，如果相片的问题是相同的，其实您并不需要逐张调整，只要先修正其中一张相片，再将调整设定套用到其他相片上就可以了。

11-1 将调整设定存储为预设

我们在相片调整区各界面所做的设定，可以将其存储为**预设**（会存储成 .xmp 文件），方便日后快速套用到其他相片上。请切换到**新建预设**界面，点击右下角的 ![] 键并进行如下操作。

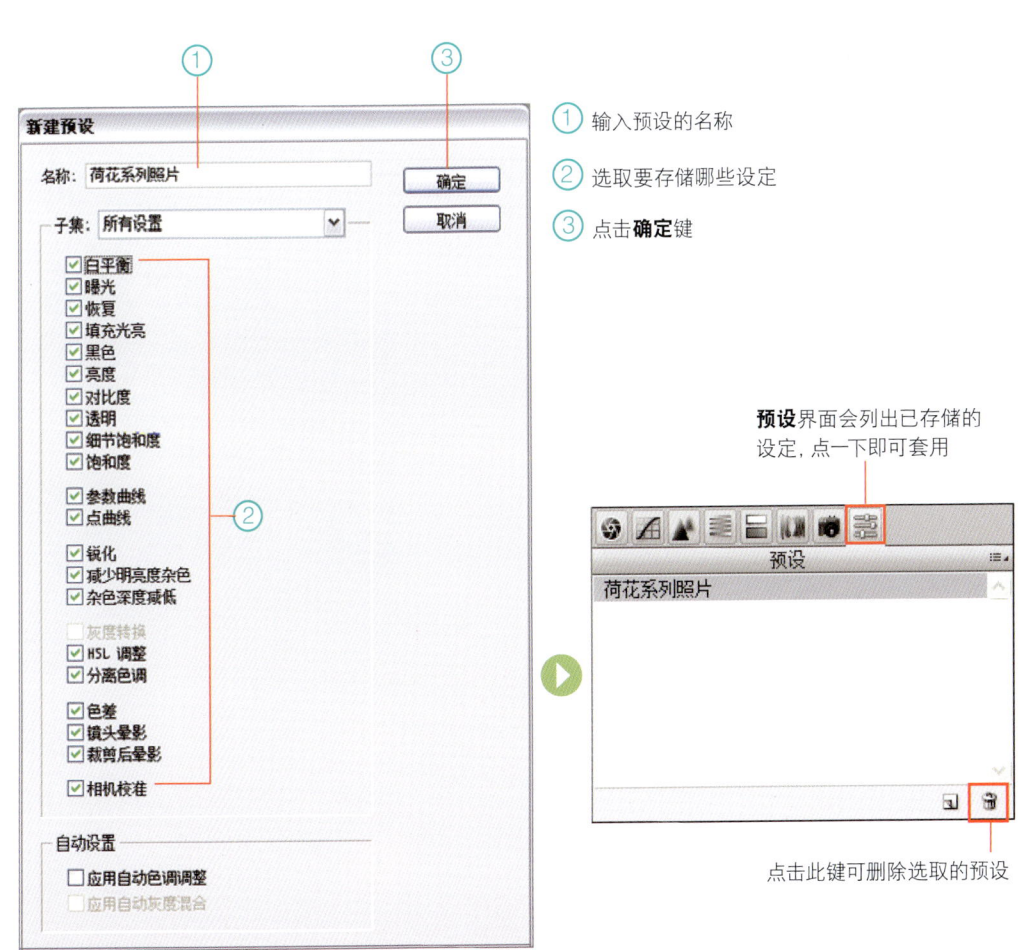

① 输入预设的名称

② 选取要存储哪些设定

③ 点击**确定**键

预设界面会列出已存储的设定，点一下即可套用

点击此键可删除选取的预设

223

若想取消套用，请点击 键，执行"Camera Raw 默认值"命令即可。

11-2 将多张相片的设定同步化

如果觉得设定预设太麻烦，也可直接利用**同步化**键套用到其他相片上。

1 在 **Bridge** 中选取所有欲套用相同设定的相片 (您可利用 **PART4** 文件夹中的 RAW 文件来练习)，然后点击右键执行 "**在 Camera Raw 中打开**" 命令。

2 打开 Camera Raw 后，您可先调整其中一张相片的设定或选取已调整好的相片 (如 408-02.NEF)。

此图标表示为调整过的相片

3 选好调整设定的来源相片后，请点击**全部选取**键选取所有相片，再按下**同步化**键，即可让所有相片套用相同的调整设定。

缩略图下出现底色表示已选取

将调整设定套用到有相同问题的多张相片上 **11**

225

勾选要套用的设定后点击**确定**键

所有的缩略图都会出现此图标

PART 5

让相片更出色的秘招

这一章我们将介绍 10 个让相片更出色的技巧，无论是相片的明暗问题、颜色不对、建筑物变形，还是拍到不该出现在相片中的杂物，全都可以通过几个简单的步骤来解决，甚至可以改变相片的色调，营造出与众不同的氛围。本章还要教您使用 Photoshop 的滤镜，让相片变成一张张百看不厌的佳作。

分别调整暗部与亮部，改善对比过强的问题
套用照片滤镜功能，模拟镜头滤镜效果
利用色彩平衡功能调出美丽的色调
用"变化"调整色彩改变相片的氛围
用匹配颜色功能来套用其他相片的色调
用减淡/加深工具和海绵T具让相片更抢眼
消除瑕疵或多余的内容
使用滤镜营造不同的氛围
修正透视变形的相片
局部换色强调视觉焦点

1 分别调整暗部与亮部，改善对比过强的问题

在晴空烈日下拍照，虽然光线充足，但相片的逆光或阴影处往往会黑成一片，您可能会想用第 3 章第 8 单元教过的**曲线**功能来调整。其实遇到这种反差大且对比过强的相片，可改用**阴影/高光**功能来调整，在处理上会更直接且有效率。

阴影/高光功能是 Photoshop CS 版本开始提供的功能，可自动判断相片中的暗部与亮部，让使用者针对两者进行不同程度的修正。以 501-01.jpg 为例，我们先来试试用**曲线**功能做调整。

501-01.jpg

在强烈的阳光下，前景曝光正常，后方的阴影却黑成一片，不容易看出细节。

若将**曲线**向上拉，不只暗部，亮部也会一并调亮，整张相片的前景亮得有点刺眼。

使用"阴影/高光"命令修正相片的暗部与亮部

我们改用**阴影/高光**功能来试试看,请执行**"图像/调整/(阴影/高光)"**命令,打开**阴影/高光**对话框后,会看到两个选项可调整,上方**阴影**区的**数量**选项,可设定暗部要加亮的程度;下方**高光**区的**数量**选项,可设定亮部要变暗的程度,针对暗部与亮部设定不同程度的加亮与调暗,以恢复暗部或亮部的细节。

在调整滑块时,越向右拖拽,调整程度越强;拖拽至最左边时,表示调整程度为0,也就是不调整。在打开对话框时,**阴影**会调亮50%,而**高光**则不会调整,您可以勾选对话框的**预览**选项,边观察相片的变化边调整这两个选项的程度。

以预设数值调整的结果,背景的细节清晰可见。

此例我们将**阴影**加亮 30%,**高光**调暗 10%,使后方的暗部细节清楚,前景的亮度不那么强烈。

虽然调整之后可使暗部与亮部的细节恢复，但也降低了相片的明暗对比，对想要表现反差的作品可斟酌调整的程度，使相片能表现细节，还能保持理想的反差对比。

"阴影/高光"对话框的进阶选项说明

在一般的情况下，以刚才介绍的**阴影/高光**对话框内两选项来调整，就足以解决大部分反差过大的问题，若觉得效果不理想，也可以勾选对话框下方的**显示更多选项**，进一步设定选项内容。

A **色调宽度**：**阴影**与**高光**区的**色调宽度**选项，可用来设定要调整的色调范围，数值越大，表示要调整的对象越多。

B **半径**：**阴影**与**高光**区的**半径**选项，可用来设定调整时比对的像素范围，数值越大，变亮或变暗的效果会越显著。

C **颜色校正**：**调整**区的**颜色校正**选项，可用来设定调整后颜色的饱和度，数值越大，色彩越饱和。

D **中间调对比度**：**调整**区的**中间调对比度**选项，可用来平衡暗部变亮及亮部变暗后的明暗对比。提高此项的数值，会加强相片的明暗对比。

E **修剪黑色**与**修剪白色**：**调整**区的这两个选项，可指定要修剪相片中多少暗部和亮部，数值越大，暗部或亮部的细节将会越少。

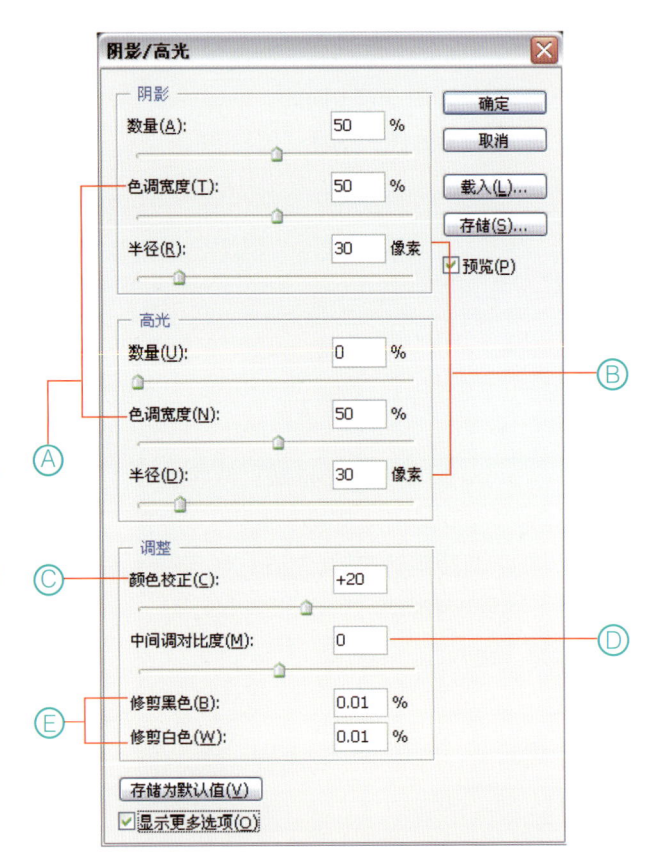

2 套用照片滤镜功能，模拟镜头滤镜效果

拍照时为了加强现场氛围或转换不同气氛，可在镜头前加装滤镜。例如，装减光镜可让蓝天更蔚蓝，装偏振镜可让黄昏的气氛更浓郁等。现在您不用花钱添购这些不同功能的滤镜，拍摄时也可以节省置换滤镜的时间，只要专心拍好作品，回来后到 Photoshop 中套用照片滤镜，就可以让相片呈现出想要的感觉了。

1 请在 Photoshop 中打开想要套用照片滤镜的相片，如 502-01.jpg，然后点击**图层**面板上的 钮，选择"**照片滤镜**"命令。

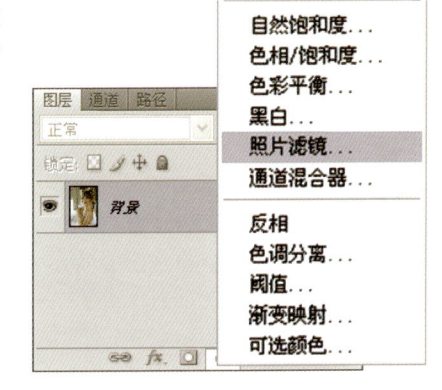

2 打开**调整/照片滤镜**面板，可由**滤镜**列表选择想要套用的照片滤镜，其中**加温滤镜 (85、LBA、81)** 和**冷色滤镜 (80、LBB、82)**，顾名思义就是可以加强或转换相片中温暖与冷酷的氛围，包括其他颜色，共有 20 种照片滤镜供您套用。若选择**滤镜**下方的**颜色**选项，可点击右方的颜色方块，从打开的对话框中挑选出想要套用在相片上的颜色。

选项下方的**浓度**，可设定滤镜套用的程度，数值越大，效果越明显。而且预设会勾选**保留明度**选项，使相片保持原本的亮度，不会因套用相片滤镜而改变相片的明亮程度。

3 试试在相片上套用不同颜色的照片滤镜吧！下面为 502-01.jpg 的 3 种效果示范。

502-01.jpg　　　　502-01A.jpg　　　　502-01B.jpg　　　　502-01C.jpg

摄影：张宇翔

原图　　　　套用**加温滤镜**　　套用**深翠绿色**，　　套用自定义**颜色**：
　　　　　　(81)，**浓度**: 50%　**浓度**: 30%　　　**R**: 0, **G**: 184, **B**: 228,
　　　　　　　　　　　　　　　　　　　　　　　　　　浓度: 45%

隐藏与删除照片滤镜效果

用上述方法套用照片滤镜时，**图层**面板上会新建一个**照片滤镜**调整图层，您可以点击图层名称前的眼睛图标 👁，来切换滤镜效果的显示与否。也可以双击该图层的图标，再由**调整/照片滤镜**面板继续调整滤镜的颜色与套用的程度。若想要删除滤镜效果，只要将该调整图层拖拽至 🗑 键上即可，完全不影响相片的内容。

由此切换显示/隐藏照片滤镜的效果，隐藏时会显示为 ▭。

将**照片滤镜**图层拖拽至此键上，可删除套用的效果。

除了用调整图层的方式来套用照片滤镜外，您也可以执行"**图像/调整/照片滤镜**"命令来套用，但此命令会将效果直接套用在相片上，若要修改或移除效果，请按下 Ctrl + Z (Windows)/ ⌘ + Z (Mac) 键回复至套用前的状态。以调整弹性来说，使用调整图层来套用照片滤镜会比较方便。

3 利用色彩平衡功能调出美丽的色调

色彩平衡功能可以用来调整相片的颜色，它依据**青色－红色**、**洋红－绿色**、**黄色－蓝色** 3 组互补色改变相片的颜色。例如，在黄昏时拍摄的相片觉得颜色不够浓郁，若想让相片感觉更温暖，就可以增加相片中暖色系的洋红与黄色；若是在清晨拍摄的相片，为了让相片看起来清冷，那么增加冷色系的蓝色和绿色将会达到效果。

请打开想要调整颜色的相片，如 503-01.jpg，再执行**"图像/调整/色彩平衡"**命令。

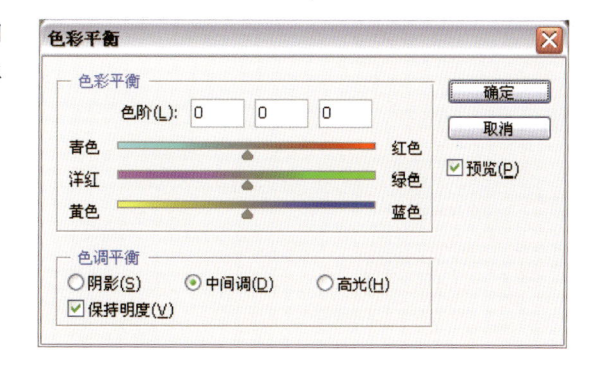

色彩平衡对话框中分为两个区域，分别为**色彩平衡**区和**色调平衡**区，以下分别说明这两个区的作用。

- **色调平衡区**：在进行色彩调整前，我们要先至**色调平衡**区中选择要调整**阴影**、**中间调**或**高光**，勾选**保留明度**时，可确保相片的亮度不会因为调整色彩平衡而改变。

- **色彩平衡区**：可用来增减色彩比重，设有 3 组具互补关系的颜色调整轴，要增加哪种颜色，便将调整轴中的滑块向该颜色端拖拽。例如，想增加绿色，那就将**洋红－绿色**调整轴的滑块向**绿色**方向拖拽，同时该颜色的互补色(即洋红色)则会相对减少。

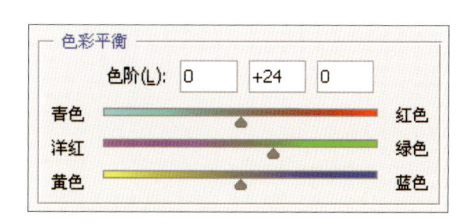

接着以 503-01.jpg 为例，分别加强暖色系和冷色系的比重，即可看出相片呈现出截然不同的氛围。

503-01.jpg

原图

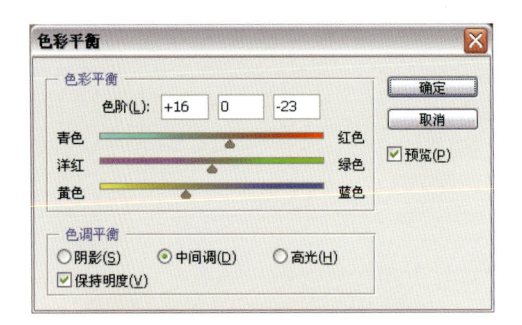

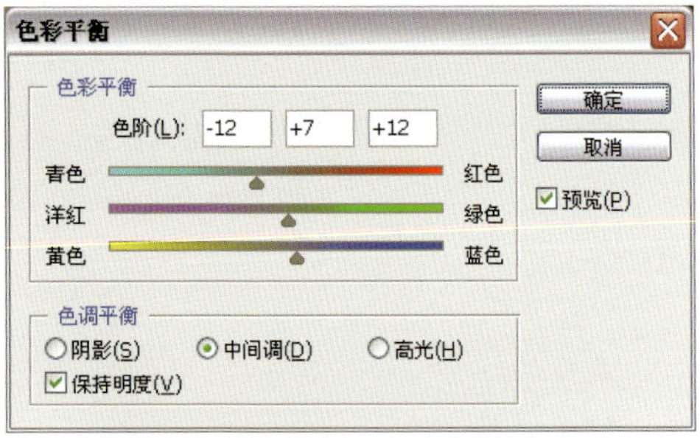

503-01A.jpg

加重**洋红**和**黄色**的比重，相片呈现出温暖的黄昏感觉。

503-01B.jpg

加重**蓝色**和**绿色**的比重，感觉是清晨时间，带有清冷的气氛。

503-02.jpg

除了用来营造相片的气氛，当相片有偏色的问题时，也可以使用此功能来改善。例如，在日光灯下拍摄的相片往往会偏蓝绿色，可利用**色彩平衡**功能降低相片中的蓝色和绿色比例，相片就会更接近原来的颜色了。

摄影：张宇翔

拍照时间是阴天的傍晚，由于光线不足，相片稍有偏蓝的现象。

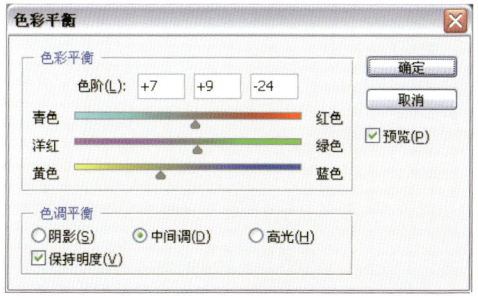

503-02A.jpg

将**黄色－蓝色**向黄色端拖拽，以降低蓝色，再稍加洋红和绿色，让相片的颜色更温暖、柔和，也改善了偏色的现象。

利用色彩平衡功能调出美丽的色调 **3**

4 以"变化"调整色彩改变相片的氛围

上一单元介绍的**色彩平衡**，目的是使相片的色彩能平衡，而这一单元要介绍的**变化**也是调整相片的色彩，对于初学者来说，使用上甚至比**色彩平衡**功能还要简单、容易，因为**变化**功能是以缩略图的方式列出所有色调和亮度的变化，只要点选其中的缩略图即可套用，以更直观的方式来快速修正相片的颜色。

请打开一张要调整色彩的相片，如 504-01.jpg，再执行**"图像/调整/变化"**命令，打开如下的对话框。

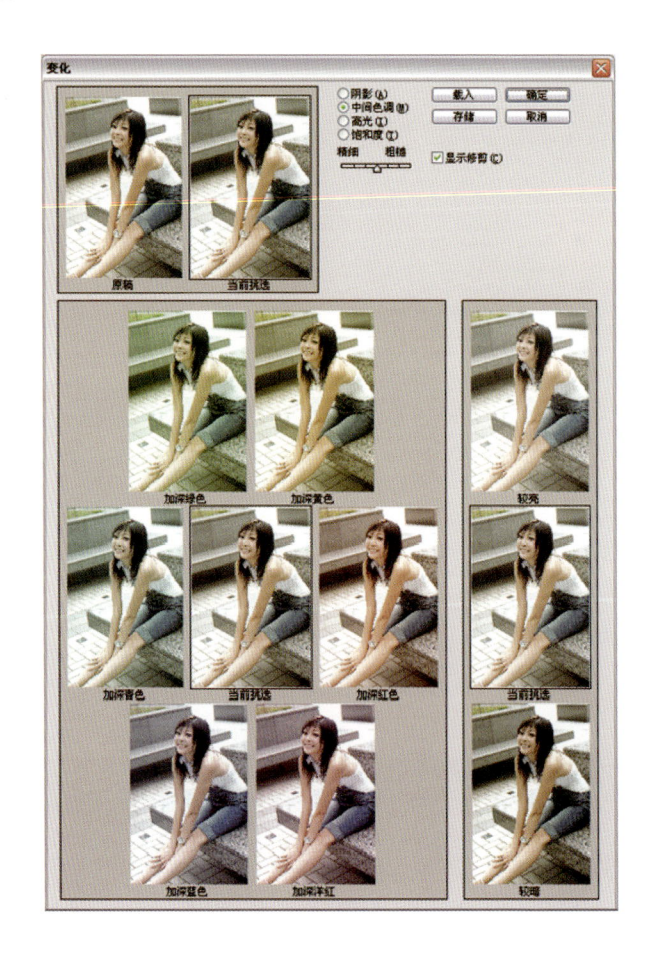

我们先将**变化**对话框分成 3 部分来说明。左下方范围最大的区域会列出颜色变化的缩略图；右侧区域是相片的亮度变化；上方则是原图与修改后的对照及选项设定区，可针对**阴影**和**中间色调**等个别项目进行设定，缩略图的差异程度则由**精细**和**粗糙**滑块来调整，越向**粗糙**端拖拽，每个缩略图的差异越大。

在使用方法上，只要点选想要的色调缩略图，该缩略图就会移至中央的**当前挑选**位置，方便您做更进一步的调整，如再加亮或再加强其他颜色，同时上方的**当前挑选**也会跟着变换，让您轻松与原图作比较。

先点一下**加深黄色**缩略图

目前已加深了两次黄色

再次按下**加深黄色**缩略图，表示继续增加黄色的比重

中央**当前挑选**四周的缩略图与**色彩平衡**功能相同，都具有互补的关系。例如，我们连续点击了两次**加深黄色**缩略图，目前在相片中加深了两次黄色的量，若想回复第二次增加的量，那就应该按 1 次黄色的互补色——**加深蓝色**来修正。

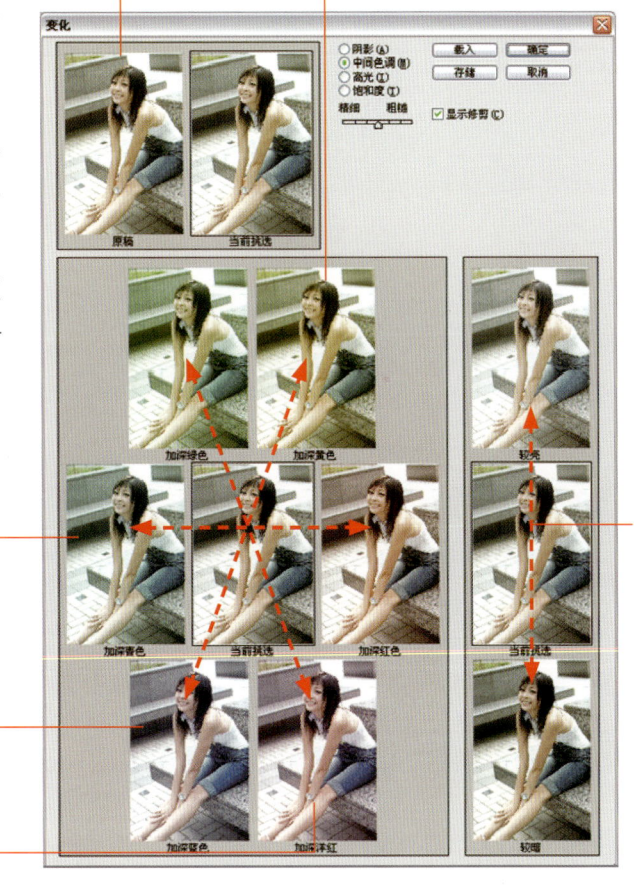

随时可点击此缩略图，回复至未套用的状态

欲回复已套用的设定时，请点击按下互补色的缩略图

青色与红色互为补色

黄色与蓝色互为补色

绿色与洋红色互为补色

以上下缩略图调整相片的明暗程度

504-01.jpg

504-01A.jpg

504-01B.jpg

摄影：张宇翔

原图

套用**加深黄色**，相片感觉更温暖

套用**加深蓝色**，呈现干净且有个性的风格

5 用匹配颜色功能来套用其他相片的色调

在同一场所与类似的光线下，拍出来的相片颜色还是难免会有少许不同，这是因为只要光线稍有变化及测光位置不同等条件改变，都会影响相机的自动白平衡判断，造成相片颜色的差异。

Photoshop 的**匹配颜色**功能可在相片上套用其他相片的色调，让同一场景拍摄的相片颜色相近；也可以套用截然不同的色调，如在蓝天的相片上套用黄昏相片的颜色，营造出夕阳西下的氛围，也是此功能的变化应用之一。

请打开 505-01.jpg 和 505-02.jpg 这两张相片，以此为例来练习**匹配颜色**的使用方法。

1 这两张相片是在同一场景拍摄的，色调却明显不同，就以 505-01.jpg 为基准，为 505-02.jpg 套用较温暖的色调吧！

505-01.jpg

505-02.jpg

摄影：张宇翔

以这张相片作为基准色调，以下称之为"来源相片"。

要调整色调的相片，以下称之为"目标相片"。

2 将工作视图切换到要改变色调的目标相片 505-02.jpg 上，再执行**"图像/调整/匹配颜色"**命令，打开**匹配颜色**对话框。

3 **匹配颜色**对话框下方的**源**列表，会列出目前已打开的文件，请选取来源相片 505-01.jpg，确认勾选**预览**项目后，就可以在画面上看到结果了。

设定为来源相片 505-01.jpg

存储原始相片的色彩信息以便套用到多张相片上

当有多张相片需要修正色调时，可在**源**列表选取相片后，点击**存储统计数据**键将该相片的色调信息存储起来，之后打开其他要修正的相片，不需打开来源相片，只要在**匹配颜色**对话框中点击**载入统计数据**键，并选取之前存储的文件，即可修正相片的颜色。

4 上方的**图像选项**区还有 3 个选项设定，以下为您详细说明。

Ⓐ **明亮度：** 可改变相片的亮度。

Ⓑ **颜色强度：** 指相片的色彩饱和度，越向右拖拽颜色越饱和，拖拽至最左边会将色彩饱和度降到最低。

Ⓒ **渐隐：** 指套用来源相片色调之后要淡化的程度，越向左端 (0) 拖拽，颜色越接近来源相片；向右端拖拽，颜色越接近目标相片，设为 100 时即为目标相片原来的颜色。

5 若勾选**图像选项**区下方的**中和**，会调和来源与目标的色彩，让套用的结果比较柔和、自然，您可以反复预览勾选及取消的效果，来决定是否要套用**中和**的修正结果。

以下列出 505-02.jpg 和 505-03.jpg 套用 505-01.jpg 色调的结果，两者皆套用**渐隐** 50，不勾选**中和**选项。

505-01.jpg　　505-02.jpg　　505-03.jpg

摄影：张宇翔

来源相片　　目标相片①　　目标相片②

505-02A.jpg

505-03A.jpg

匹配颜色功能也可以用来改变相片的气氛。以 505-04.jpg 和 505-05.jpg 为例，505-04.jpg 是昏黄的室内光线，而 505-05.jpg 是晴朗的好天气。我们可试着为 505-05.jpg 套用 505-04.jpg 的色调，让灯塔像是在黄昏时分拍的，别有一番味道。

505-04.jpg

505-05.jpg

505-05A.jpg

来源相片　　　　　　　　目标相片　　　　　　　　套用**匹配颜色**的结果

6 用减淡/加深工具与海绵工具让相片更抢眼

Photoshop 中有不少功能是昔日传统暗房技巧的重现,这一单元要介绍的**减淡/加深工具**和**海绵工具**就是这样的技巧。当您想让相片的某部分变亮或变暗,就可以使用**减淡/加深工具**来达成,不用担心其他地方会受影响,也能轻易地调整想要的明暗程度,突显相片的重点。若是想要提高某部分颜色的饱和度,则可使用**海绵工具**,使作品更抢眼。

6-1 使用减淡/加深工具调整相片局部范围的明暗

减淡工具 和**加深工具** 都是用画笔涂抹的方式来控制相片上想要变亮或变暗的范围,使用起来非常简单、方便。

1 由于**减淡工具**和**加深工具**的使用方法相同,这里以**加深工具**为例,来说明各选项的设定及使用方法。请打开一张相片,如 506-01.jpg,再点击 Photoshop 窗口左侧工具面板的**加深工具** 。

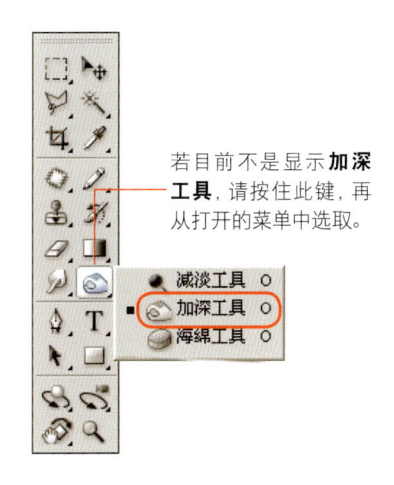

若目前不是显示**加深工具**,请按住此键,再从打开的菜单中选取。

2 选取**加深工具**后,可在**选项**面板上设定该工具的内容,接着为您说明其选项设定。

点击此处设定画笔选项

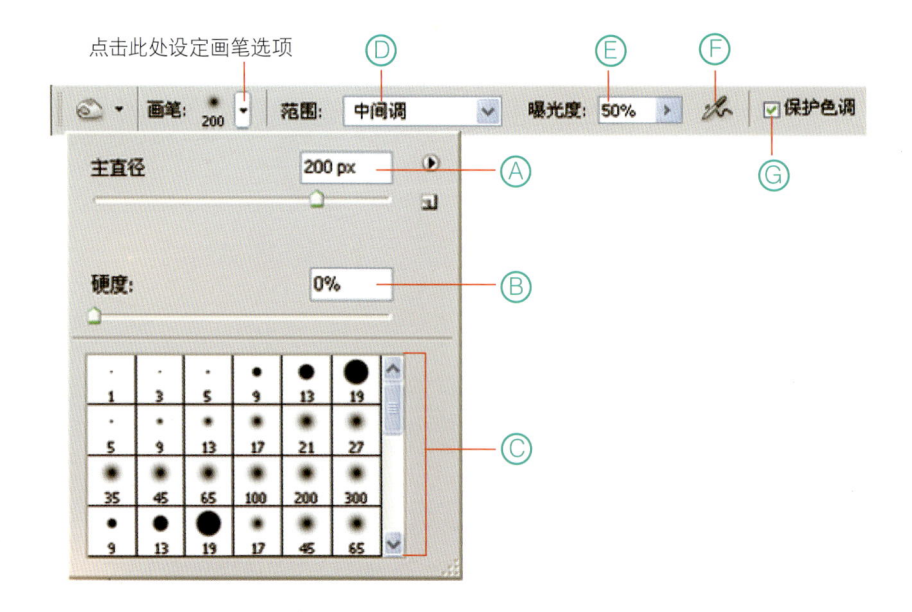

- Ⓐ **主直径**：由此设定涂抹时画笔的大小，请依涂抹的范围来变更画笔的尺寸。

- Ⓑ **硬度**：设定画笔边缘的模糊程度，数值越小越模糊。此例设定为 0，以免涂抹时产生明显的边缘。

- Ⓒ **选择画笔**：选择笔尖形状，之后可再调整**主直径**和**硬度**的设定值。

- Ⓓ **范围**：此列表可选择要调整涂抹部位中的**阴影**、**中间调**或**亮部**，可根据相片内容来设定此选项。

- Ⓔ **曝光度**：可设定涂抹一次要变亮或变暗的量。

- Ⓕ **喷枪功能**：当按下喷枪功能键 时，只要在画面上按住鼠标左键，该处就会持续变暗 (或变亮)；反之，若不启动喷枪功能 (该键呈弹起状态)，即使在相片上按住鼠标左键不放，只要不移动鼠标位置，该处将只会变暗 (或变亮) 一次的量。

- Ⓖ **保护色调**：勾选此项可避免颜色产生色相偏移，让调整效果比较自然 (Photoshop CS4 才开始有此选项)。

> **TIP** 为了方便看出涂抹的范围，当光标移至相片上时，会显示为画笔的大小和形状(呈空心图形)。若没有显示画笔形状的光标，请按下 Caps Lock 键来切换；也可以执行"**编辑/首选项/光标**"命令，确认目前**绘画光标**已设定为**正常画笔笔尖**。

3 **减淡/加深工具**的使用方法，是在相片上想要变暗（或变亮）的地方用画笔来回涂抹，涂抹的地方就会随着涂刷的次数慢慢变暗（或变亮）。这里要特别提醒您，在设定**曝光**时，应一次增加 5%~10% 的量来慢慢调整程度，若以 100% 的量来涂抹，虽然效果显著，但却容易出现涂抹不均匀的情况。

506-01.jpg　　　506-01A.jpg

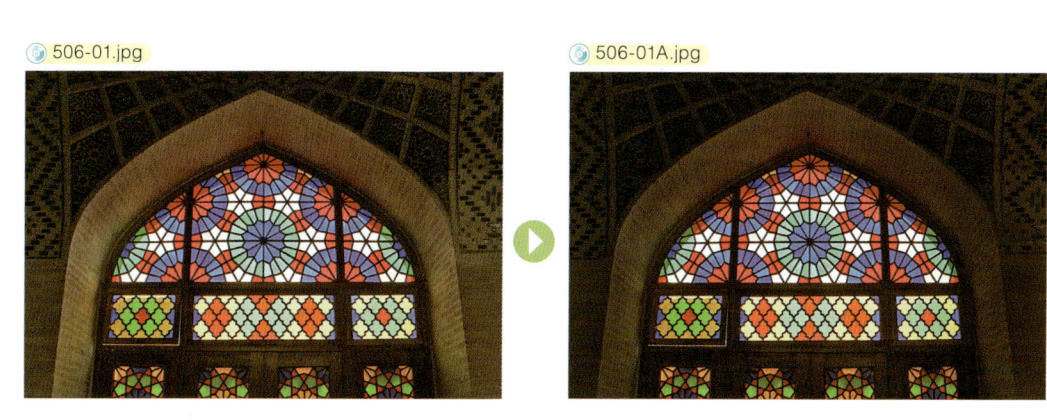

用**加深工具**将四周墙面加暗，更突显出窗外的明亮。

506-02.jpg　　　506-02A.jpg

用**减淡工具**涂抹后，蛋糕和冰咖啡看起来更美味了。

6-2 用"海绵工具"改变相片中部分色彩的饱和度

在**减淡/加深工具**的菜单中，还有一个**海绵工具**，可用来改变相片的色彩饱和度，使用方法与**减淡/加深工具**相同，都是直接在相片上涂抹，就能呈现出效果。

马上来练习看看！请打开 506-03.jpg，再选取**海绵工具**，同样设定好画笔大小及硬度，再到**选项**面板上的**模式**列表设定让颜色更**饱和**或**降低饱和度**，然后就可以在相片想要调整色彩的地方进行涂抹了。

勾选此项可避免色彩过度饱和而失去原本的细节
(Photoshop CS4 开始才有此选项)

在逆光的花瓣处以**饱和**模式涂抹，增加颜色的饱和度。

7 消除瑕疵或多余的内容

当相片上出现杂物或垃圾等碍眼的瑕疵时,肯定会让相片失色不少,但实在避不掉该怎么办呢?事实上,很多时候相片都得靠 Photoshop 来修修补补,才上得了台面。例如,追求完美的商品摄影,常要修除商品上的脏污与刮痕等;风景及建筑相片则要修除电线和路灯等;就算是看似无瑕的模特,也要利用 Photoshop 来提升肤质或消除斑点等,才能让相片更上一层楼。

修除相片上的瑕疵,大多是用**污点修复画笔工具** 、**修复画笔工具** 及**修补工具** ,这一章我们就来介绍这 3 种工具的使用方法。

使用这 3 种工具修除瑕疵的技巧,就是复制相片中其他完好的地方,来遮蔽瑕疵之处。由于相片是由许多不同颜色的像素组合而成的,只要在像素上填入不同的颜色,就能巧妙地修掉不想见到的瑕疵。不过 Photoshop 也并非万能,既然要复制相片中其他完好的地方来填补瑕疵,那么前提就是相片中必须具有足够复制和修补的来源才行。

7-1 使用"污点修复画笔工具"修除污点

污点修复画笔工具 可快速移去相片中小范围的污点,并且自动取样周围的内容作为修复依据,修复时直接在相片脏点处点击或涂抹即可,而且修复相片时会保留修复区原本的明暗度,使修补的结果不留痕迹。现在,我们要使用**污点修复画笔工具** ,来修除相片 507-01.jpg 中花瓣上的脏点。

1 打开相片后,请选取**工具**面板上的**污点修复画笔工具**,再将画笔大小设定为能覆盖花瓣上脏点的尺寸,在此设定为 50 px。

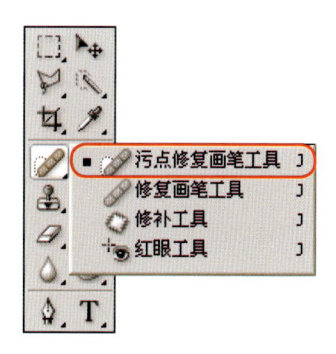

Ⓐ **画笔**：可指定使用的画笔大小与样式。

Ⓑ **模式**：以各种混合模式运算涂抹的结果，这里以**正常**为例来说明。

Ⓒ **类型**：在此选择填补修复区域的方式。**近似匹配**会复制修复区域周围的像素来填补修复区域；**建立纹理**则是参考修复区域中的像素作为纹理来填补修复区域。此例选择**近似匹配**。

Ⓓ **对所有图层取样**：勾选此项会在修复相片时，参考所有可见图层的相片；若不勾选此项，则取样时将只参考作用中图层的相片。此选项只在相片包含两个以上的图层时，才会有差异。

2 设定好工具属性之后请在脏点上点击，就会发现脏点不见了。请依脏点的范围设定适宜的画笔大小，再一一点选要修除的脏点。若点击后觉得修除的效果不理想，请按下 Ctrl + Z 键 (windows)/ ⌘ + Z 键 (Mac) 复原修除的结果，再更改画笔大小并重新点选。

507-01.jpg

507-01A.jpg

设定可完全遮盖脏点的画笔大小

修除之后，花朵更纯白无瑕了

7-2 使用"修复画笔工具"修整涂抹范围

再来试试**修复画笔工具**的修复效果，此工具与**污点修复画笔工具**使用方法的不同之处在于，此功能要先设定复制的来源才能进行修补，以下用实例来说明。

1 请打开 507-02.jpg，然后按下**工具**面板上的**修复画笔工具**，再如下设定工具的属性。

Ⓐ **画笔**：指定使用的画笔大小与样式。

Ⓑ **模式**：以各种混合模式运算涂抹的结果，这里以**正常**为例来说明。

Ⓒ **源**：可设定复制的来源为**取样**，即稍后要设定的取样点；也可设定以**图案**作为复制的来源。在此应选择**取样**。

Ⓓ **对齐**：若取消此项，每次松开鼠标左键，再进行仿制时都会从原取样点的位置开始复制相片；勾选此项，在进行仿制时，将使用最近一次的取样点内容。

Ⓔ **样本**：在此可选择要取样的图层，若选**当前图层**只会从作用图层取样；若选**当前和下方图层**则会从作用图层及其下一图层中取样；若选**所有图层**，则会从所有可见图层中取样。

2 接着再到瑕疵处的四周，寻找内容与瑕疵处相近但完好的部分。例如，此例可寻找未被电线遮蔽的蓝天。然后按住 Alt (Windows)/ option (Mac) 键，再按一下鼠标左键选定位置，定义出稍后要复制的内容。

507-02.jpg

3 用光标在相片的瑕疵上涂抹,可视需要随时调整**选项**面板上的设定值及画笔大小,以免修改到其他不用修补的地方。涂抹时在松开鼠标之前,您可能会注意到颜色不自然的问题,但不用过于担心,只要放开鼠标按键,涂抹的地方就会和周围的颜色进行融合,让修补不露痕迹。

复制的来源会以十字显示

在原图的瑕疵上涂抹,颜色有些不太自然

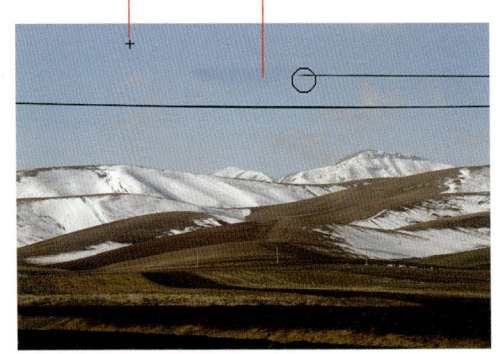

507-02A.jpg

松开鼠标,涂抹范围便会和四周的颜色融合,您也可以多次涂抹或随时改变仿制的位置,让修补效果更自然。

仿制印章工具

与**修复画笔工具**使用方式类似的还有**仿制印章工具**,也是在复制前需先定义复制的取样点,再至瑕疵处进行涂抹修补。不过,**仿制印章工具**不会自动调整亮度,而是原封不动地将取样点覆盖到涂抹的位置,适合用于取样点与瑕疵处的图案相同,而且两者没有亮度差异的时候。

7-3 使用"修补工具"修补圈选范围

接下来介绍的**修补工具** 可以直接圈选出要修补的范围,再拖拽至完好的地方进行瑕疵移除,它与**修复画笔工具**功能相同,可在修补相片时保留被修复区的明亮度。

由于**修补工具**是以圈选方式来定义来源（或目的）相片，所以适用于修整图案类似，而且无须细致修复的区域。我们以 507-03.jpg 为例，来说明此工具的使用方法。

1 打开相片后，请在**工具**面板上选择**修补工具**，将**选项**面板的**修补**设定为**源**，表示圈选处是要修补的地方，然后到相片上圈选瑕疵处。此例我们圈出下方破损的砖块。

> **TIP** 若将**选项**面板的**修补**设定为**目标**，请改圈选相片内容完好的地方，再拖拽至瑕疵处。

507-03.jpg

2 将圈选的范围拖拽至完整的砖墙上，并观察原选取范围的修补结果，若不满意，可按下 `Ctrl` + `Z` (Windows) / `⌘` + `Z` (Mac) 键复原再重新拖拽。满意之后，按下 `Ctrl` + `D` (Windows) / `⌘` + `D` (Mac) 键取消选取范围，就会发现瑕疵不费力地修好了。

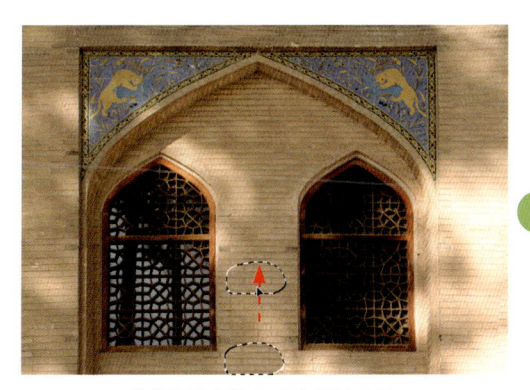

507-03A.jpg

将选取范围拖拽至完好的砖墙

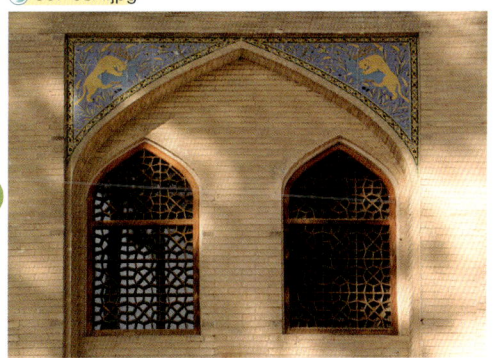

8 使用滤镜营造不同的氛围

滤镜可让相片呈现许多不同的样貌,例如,为相片加上舞台灯光、处理成立体浮雕,甚至运用多组滤镜将相片转变成艺术画作等。在 Photoshop 中,已将常见的滤镜效果制作成命令,我们只要从"**滤镜**"命令中选择想要套用的类别,再选择要套用的效果,就可以轻松让相片拥有全新的面貌。这个单元我们就来试试好用又有趣的滤镜吧!

8-1 套用模糊滤镜制作浅景深效果

首先我们要介绍在人像相片上常使用的**浅景深**效果。拍摄人像时,常希望背景模糊且主体清晰,这就是所谓的"浅景深",如果拍摄出来的相片景深不够明显,可以用**高斯模糊**滤镜来加强效果。

1 请打开 508-01.jpg,在**图层**面板上复制一个**背景**图层。

1 按住此图层

复制出一个与**背景**相同的图层

2 将图层拖拽至此键上

2 请确认已选取**图层**面板上的**背景 副本**图层,再执行"**滤镜/模糊/高斯模糊**"命令,打开如下的对话框。

1 设定模糊的强度，数值越大越模糊，此例设为 8

2 点击**确定**键

可由此调整预览窗格的显示比例

3 目前看起来整张相片都变模糊了，这里我们要使用**图层蒙版**让人物再次变清晰。请选取**图层**面板的**背景 副本**图层，再点击面板下方的**创建图层蒙版**键。

点击 钮后会新建一个图层蒙版图标

4 选取**工具**面板中的**画笔工具**，设定适当的画笔大小，再将前景色设定为黑色。

1 点击此键可让前/背景色回复至白/黑色

2 若呈白/黑色时，点击此键对调两色

253

5 接着在相片上涂出人物的范围，就会发现涂抹的地方变清楚了。万一涂的范围太多，可以按下 X 键快速切换前/背景色，改用白色的画笔来涂抹想要模糊的范围。

之后要修改图层蒙版时，记得要先选取此图标，才能用黑、白画笔涂抹

508-01.jpg　　508-01A.jpg

摄影：张宇翔

背景套用**高斯模糊**滤镜后，人物显得更立体了，涂抹时人物和身前的地面也要一起变清晰才符合常理

8-2 套用"凸出"滤镜变化背景强调主体

如果想让相片更脱离现实，也可以套用令人耳目一新的滤镜特效，尤其当背景不是那么重要或比较单调时，就可以在背景上动点手脚，让相片上的主角更抢眼。

下面我们来为 508-02.jpg 这张相片制作一个类似立体砖块的背景，让焦点全都集中在模特身上吧！

1 请打开 508-02.jpg，如上一节所述，将**背景**图层拖拽至**图层**面板的**创建新图层**键上，建立一个**背景 副本**图层。

2 确认已切换至**背景 副本**图层，执行"**滤镜/风格化/凸出**"命令，如图设定对话框中的选项，再点击**确定**键。

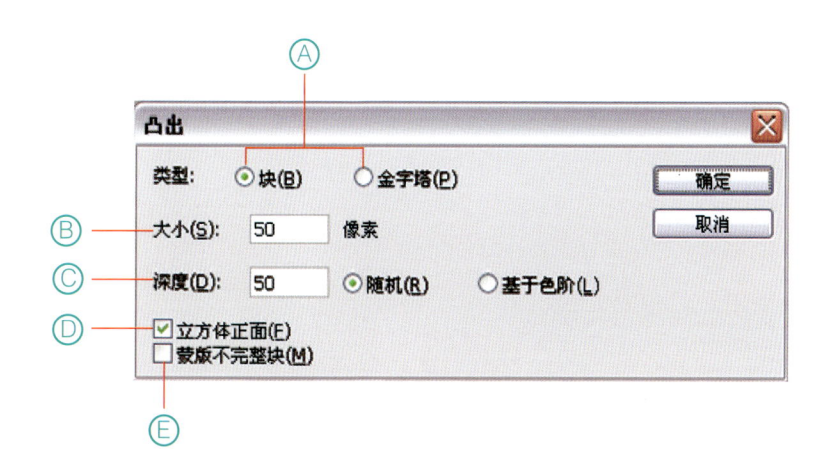

Ⓐ **类型**：可设定突出的形状。若设定为**块**，会显示成四角块；若设定为**金字塔**，会显示为立体的三角形。

Ⓑ **大小**：设定块的尺寸。数值越大，块越大。

Ⓒ **深度**：选择**随机**时，块的突出距离会随机产生；选择**基于色阶**时，越亮的块会越凸出。

Ⓓ 勾选此项，块的正面会显示该块的平均色；若取消则会显示相片的内容。

Ⓔ 已建立选取范围时，是否要隐藏范围内不完整的方块。

TIP 若需要建立选取范围来套用**凸出**滤镜，只能在**背景**图层上建立，在其他图层建立选取范围时，此命令将无法执行。

3 按下**确定**键后，滤镜会套用在整张相片上，现在要让相片中的模特再度回复到清晰的状态。请确认已选取**图层**面板中的**背景 副本**图层，并按下**添加图层蒙版**键，然后选取**工具**面板中的**画笔工具**，并将前/背景色设定为 。

点击此键添加图层蒙版

4 设定好之后就可以在相片上涂出人像的范围了，让相片中的背景呈具有立体突出的方块，人像仍保持亮丽且清晰。涂抹时可依需要切换前/背景色及画笔大小，随时修改想要套用滤镜的范围。

508-02.jpg

508-02A.jpg

摄影：张宇翔

8-3 套用多个滤镜将相片转换成艺术画作

以上介绍的是套用单一滤镜的效果,其实也可以将多个滤镜组合运用,将相片转换成有别于一般相片的艺术作品。这一节的范例就要为相片套用两种不同效果的滤镜,再搭配相片调整与图层混合模式,将相片转变成水彩画。

1 请打开 508-03.jpg,由**图层**面板先复制一个**背景**图层,然后选取**背景 副本**图层,执行 "**滤镜/风格化/查找边缘**" 命令,我们要先做出如草稿般的轮廓线。

2 目前轮廓线是彩色的，我们要将它转为黑白的来模拟铅笔的底稿，所以请执行 **"相片/调整/去色"** 命令，再执行 **"相片/调整/色阶"** 命令，如图加强相片的暗部细节。

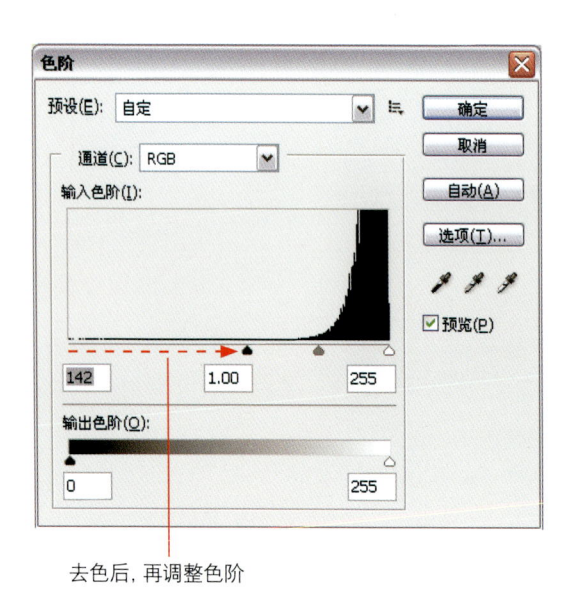

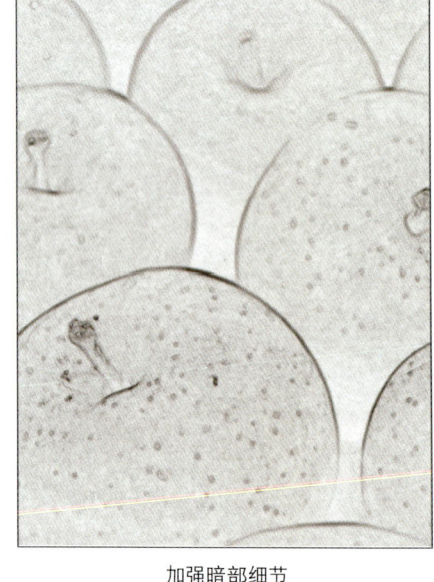

去色后，再调整色阶

加强暗部细节

3 在**图层**面板复制一次**背景**图层，并将**背景 副本 2** 图层拖拽至最上层。

拖拽**背景**图层至此键上，复制一次

直接拖拽可调整图层的顺序

4 选取**背景 副本 2** 图层后执行"**滤镜/艺术效果/干画笔**"命令,为相片加入水彩般的色块效果,如图设定后请点击**确定**键。

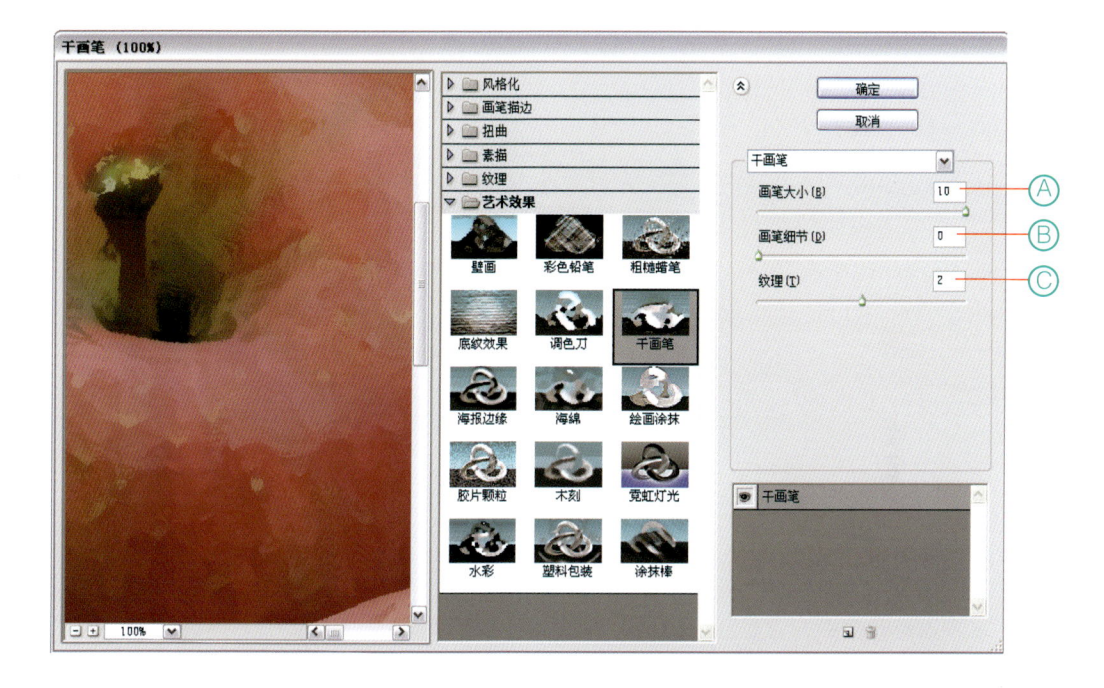

Ⓐ **画笔大小:** 模拟使用的画笔大小,可设定 0~10 的程度,数值越大色块越明显。

Ⓑ **画笔细节:** 细致程度可设定 0~10 的程度,数值最大时,表示最精细,也最接近原本相片的质感。

Ⓒ **纹理:** 调整区块的纹理效果,可设定 1~3 的程度,数值越大,区块的纹理越清楚。

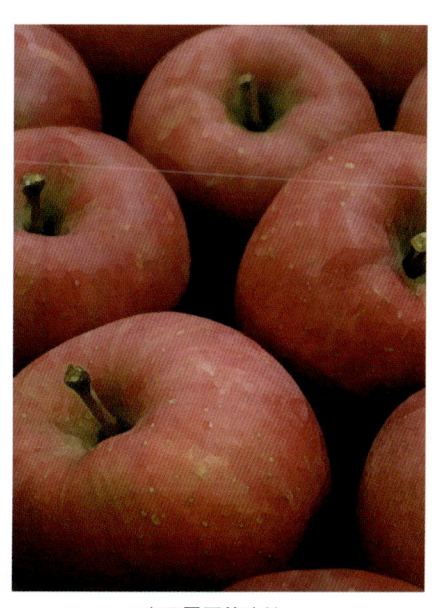

套用**干画笔**滤镜

5 由于原本的相片偏暗，所以请在**图层**面板将**背景 副本 2** 图层的**混合模式**改为**强光**，来增加相片的明暗对比。如果觉得结果太亮了，可再降低轮廓图层（**背景 副本**）的**不透明度**。

认识图层的"混合模式"

　　图层的**混合模式**是上层图层与下层图层的像素运算方式，通过两图层不同的颜色与亮度，搭配混合模式，即可混合出很丰富的效果。以上例来说，下面列出在**背景 副本 2**图层套用不同混合模式的效果。

套用**颜色加深**

套用**强光**

套用**线性光**

套用**点光**

9 修正透视变形的相片

在拍摄建筑物时，最常发生变形的问题。例如，从建筑物的下方向上拍摄时，相片上的大楼看起来就会变成下大上小的情况，而不是我们实际看到的样子。像这样的相片就可以用 Photoshop 修正变形的问题。不光是建筑物，只要是觉得产生变形现象的主体及景物，全都可以用本单元介绍的方法来修正。

509-01.jpg

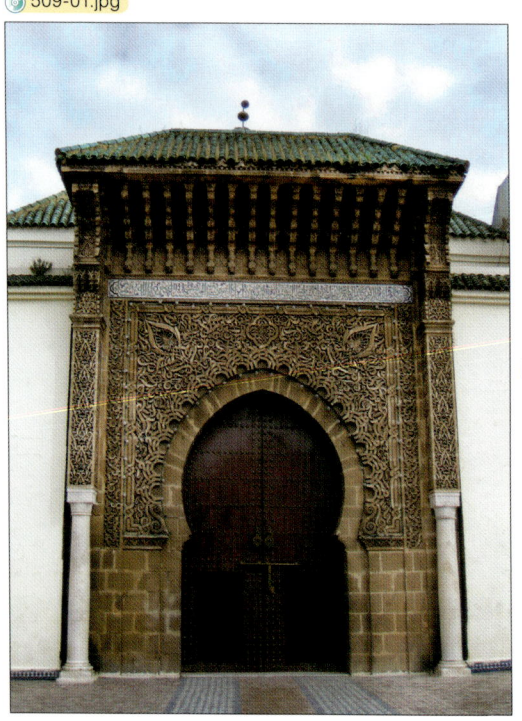

509-01A.jpg

修正前

修正变形后的结果

"编辑/变换"命令中的"透视"功能就可以用来修正变形；而"变形"功能则可用来调整相片的角度和旋转相片等，在修正时请依情况来选用适当的命令。

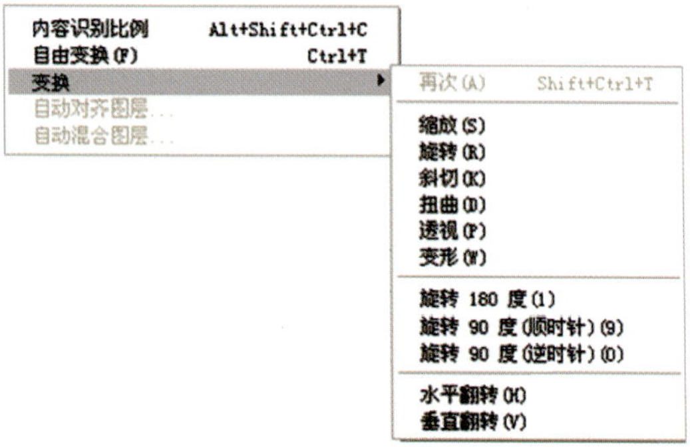

内容识别比例	Alt+Shift+Ctrl+C
自由变换 (F)	Ctrl+T
变换	▶
自动对齐图层...	
自动混合图层...	

再次 (A)	Shift+Ctrl+T
缩放 (S)	
旋转 (R)	
斜切 (K)	
扭曲 (D)	
透视 (P)	
变形 (W)	
旋转 180 度 (1)	
旋转 90 度 (顺时针) (9)	
旋转 90 度 (逆时针) (0)	
水平翻转 (H)	
垂直翻转 (V)	

修正变形问题时，请尽量不要用放大相片的方式来修正，而改以缩小的方式来调整，可使相片品质受破坏的程度降到最低，这样的说明或许您还不是很明白，以下我们来实际修正一张相片，您就会明白其中的意思了。

1 请打开 509-01.jpg，这张相片为了拍出门的全貌，相机的角度稍微向上，导致大门有点变形。为使稍后修正时能清楚看到歪斜处是否已调正，请先执行**"视图/显示/网格"**命令来显示格点，再按下 Ctrl + A (Windows) / ⌘ + A (Mac) 选取整张相片。

> **TIP** 如果显示网格之后，觉得网格的间隔太大或太小，网格的颜色与相片内容太相近不好辨识等，都可以执行**"编辑/首选项/参考线、网格和切片"**命令，在对话框中的**网格**区内设定适合的间距与颜色。

2 执行**"编辑/变换/透视"**命令，将指针移至相片四角的控点上，直接拖拽控点即可修正相片的变形。此例在修正时请将下方的控点向内拖拽，以缩小的方式来修正变形；若是将上方控点向外拖拽，虽然也可以修正变形，但由于会放大相片内容，原本的清晰度及品质将会受到影响。

2 拖拽时可将应与地面垂直的地方对齐网格，以作为调整的参考

1 将下方控点向内拖拽

3 在调整过程中，可以切换至**"编辑/自由变换"**或**"编辑/变换"**下的其他命令来调整，确认完成后再按下**选项列上的** ✓ 钮或按下 Enter (Windows) / return (Mac) 键结束变形调整。此时也可再次执行**"视图/显示/网格"**命令来关闭网格。

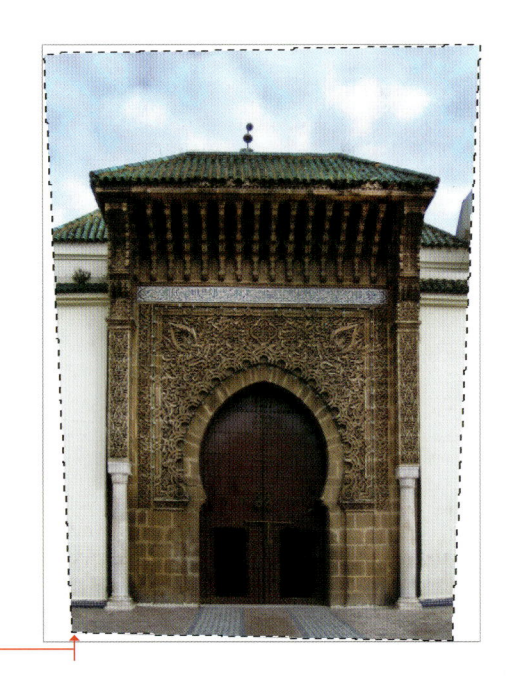

此例还将此控点向上拖拽一些，以修正水平线

4 修正变形后，相片的四周会露出背景色，请先按下 Ctrl + D / ⌘ + D 键取消选取状态，再按下**工具面板中的裁剪工具** ⌷，圈选建筑物，并按下 Enter / return 键完成裁切。

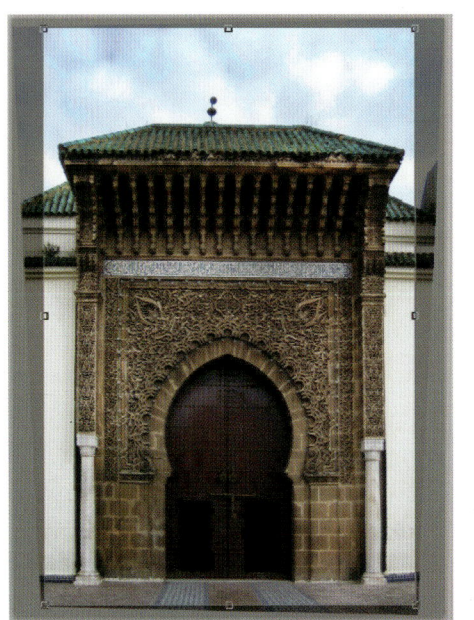

509-01A.jpg

10 局部换色强调视觉焦点

您有没有这种经历？好不容易有机会到日本赏樱花，却不巧穿了与樱花相似的淡粉红色上衣，站在樱花树下一点都不起眼；晴朗的出游天，刚好路过一处美丽的海滨，开心地以大海为背景拍照，回家后才发现当时穿的是蓝色套装……在懊悔衣服与背景颜色太相近时，不妨用 Photoshop 打开相片，替换掉画面中衣服的颜色，找回相片应有的视觉焦点吧！本单元我们将介绍不用花费太多时间就能自由变换颜色的方法，只要选取换色范围，再加上魔法般的调整图层，就能获得又快又好的换色效果。

我们在前面的单元曾经学过，调整图层不会将变化增加在原始相片上，而且可反复调整，不用怕会损坏品质，只要在最后确认时再将效果与原始相片合而为一即可。加上调整图层可利用图层蒙版来控制变化的程度和范围，大幅增加了变换色调的效率与精准度。

相片 510-01.jpg 是一部亮黄色的赛车，您可能偏爱红色或蓝色的赛车，又没机会拍到自己钟爱的样式，没关系！以下我们来试试为相片套用**色相/饱和度**调整图层，为赛车换一个喜欢的颜色。

1 打开相片后由**工具**面板选择任一选取工具，将黄色的车身圈选出来。此例可选取**多边形套索工具**，沿着车体点击左键以选取黄色的范围，若周围有与车体相同的颜色，请小心选取出要变色的范围。

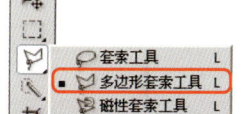

大致圈选出要变色的范围

2 按下**图层**面板下方的**创建新的填充或调整图层**键，由打开的菜单中选择"**色相/饱和度**"命令，此时会自动打开**调整**面板，并显示**色相/饱和度**的选项内容。

3 在**调整**面板中按下 键，再到相片上点一下车体的颜色 (黄色范围)，列表就会显示目前即将置换的颜色。您也可以直接在此列表选择接近车体的颜色 (如**黄色**)，再利用下方的滴管工具 到画面上点击，同样可指定要变换的颜色，指定后按下 再选取颜色可增加指定色的范围；按下 再选取颜色可缩小指定色的范围。

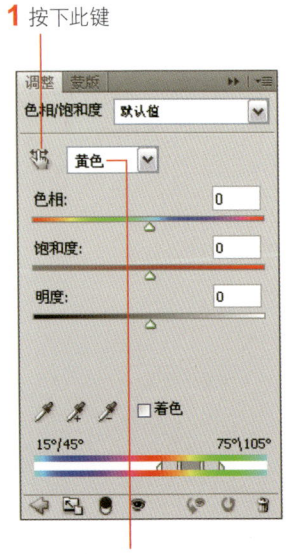

1 按下此键

3 自动指定颜色范围

2 在车体上点一下

4 此时拖拽**色相**滑块,就会看到车身变换颜色了,找到喜欢的颜色之后,再拖拽**饱和度**及**明度**滑块来调整颜色的饱和度和亮度。由于是采用调整图层的方式来变化颜色,所以不用担心会损坏相片品质,可自由调整。完成后请直接收起或关闭**调整图层**面板。

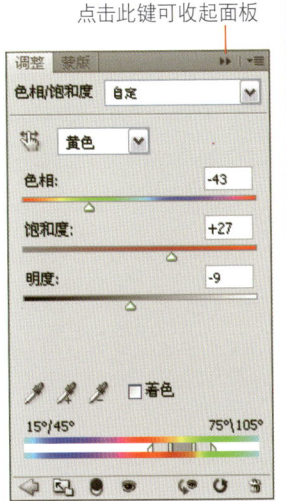

点击此键可收起面板

本例将车身变成红色了

TIP **色相**滑块是由 0～360 度的任意颜色;**饱和度**和**明度**两个选项并非完全独立,当**明度**上升时,**饱和度**会下降;**明度**下降时,**饱和度**会上升,因此要适度调整这两个项目。

5 再来看看**图层**面板,由于调整前我们建立了选取范围,所以选取范围会自动建立成图层蒙版中白色的范围,以不影响其他未选取范围的情况下进行调整,若此时觉得选取范围不妥当,则可点击图层蒙版缩略图,再用**画笔工具** ✏ 修改作用范围。若想要修改**色相/饱和度**的数值,请双击调整图层图标,将会打开**调整**面板让您进行调整。

点击此缩略图,可用**画笔工具**修改色相饱和度的作用范围。

双击此图标会打开**调整**面板,让您调整颜色。

局部换色强调视觉焦点 10

6 确认完成调整之后，建议您先将文件另存成保留调整图层的 .psd 文档，以备日后弹性修改之用；再执行**"图层/拼合图像"**命令，并依使用目的另存成其他文件格式。例如，要放在网络相册上，可以存成文件较小且支持度高的 .jpg 格式。

510-01A.jpg

色相：-43 **饱和度**：+27 **明度**：-9

510-01B.jpg

色相：0 **饱和度**：-40 **明度**：+100

附录

色彩管理与屏幕校色

如何准确地呈现色彩,一直是摄影工作者最头痛的问题。例如,当您从数码相机或利用扫描仪将相片载入电脑时,发现所看到的颜色和原相片并不相同,而将相片打印出来时,又发现印出来的颜色和显示器上看到的差异很大。为了将此差异降到最低,我们将在附录中介绍色彩管理的观念和使用 Photoshop 做色彩管理的方法。

认识色彩管理
使用屏幕校色器替屏幕校色
Photoshop 的色彩管理功能

1 认识色彩管理

色彩管理对于摄影工作者来说非常重要，为了确保显示器所见的画面与输出后的效果一致，本单元要先使您建立色彩管理的基本概念，让您了解 ICC 色彩配置文件如何确保色彩在输入和输出装置之间呈现一致性的运作原理。

RGB 与 CMYK 两种颜色模型的原理不同，所能表现的色域也不同，而不同硬件设备的色域也各不相同，所以相片从扫描仪、数码相机、显示器、打印机到专业印刷机，每经过一次转换都会产生颜色偏差的问题。

为了确保色彩在各种输入及输出装置之间的一致性，便需要建立可在装置间正确解读和转换的 **"色彩管理系统 (CMS，Color Management Systems)"**。一般常见的是使用 **ICC 色彩配置文件**来做色彩管理，其运作原理大致如下。

- 针对每一台**输入**设备，都准备一个专属的**色彩配置文件**，用来将输入的色彩转换为标准色彩。

  例如，某台扫描仪所扫描的相片会稍微偏红，那么偏红的量就会记录在其专属的**色彩配置文件**中，因此 Photoshop (或其他支持色彩管理的软件) 在读取扫描仪送来的资料时，就可据此减弱红色的强度，以产生近似于原相片的色彩。

- 针对每一台**输出**设备，同样要准备一个**色彩配置文件**，用来将文件的色彩转换为符合输出设备特性的色彩。

  例如，某台打印机的打印结果会偏红，那么偏红的量就会记录在这台打印机的**色彩配置文件**中，因此 Photoshop (或其他支持色彩管理的软件) 在将资料送给打印机之前，就可据此将红色减弱，这样就能印出不失真的相片色彩了。

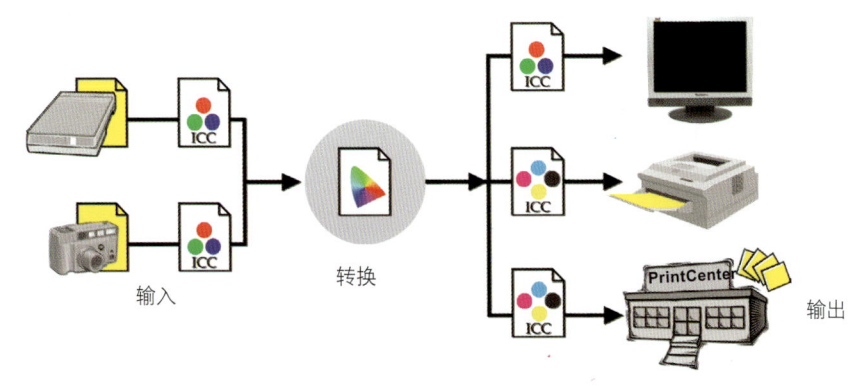

▲ 色彩管理的运作架构图。在整个输入和输出的过程中，ICC 色彩配置文件居于关键地位。另外，在输入和输出之间还会经过一道色域转换的程序。

> **ICC 色彩配置文件**
>
> 由于 Windows 色彩配置文件的规格是由 ICC (International Color Consortium) 所制定的，因此我们称其为"ICC 色彩配置文件"，有时也会简称为"ICC 档"。ICC 即国际色彩联盟，是 1993 年由 Adobe Systems Incorporated、Agfa - Gevaert N.V.、Apple Computer Inc.、Eastman Kodak Company、Sun Microsystems Inc. 等知名厂商共同创立的。

那么，这些设备的**色彩配置文件**要由谁提供呢？相信各位已经猜到了，当然是生产这些设备的厂商了！通常安装好设备的驱动程序之后，其相关的**色彩配置文件**也安装好了 (但也有些必须另外安装，而较旧或较特殊的设备则没有提供)。

不过，硬件厂商只能提供通用的**色彩配置文件**，而无法针对每台设备的个别差异性做调整。例如，我们将显示器调亮一点或对比调弱一点，显示的色彩就会跟着改变，这时就必须另外制作适用的**色彩配置文件**才行。自行制作装置的色彩配置文件有两种途径。

- 利用低廉或免费的软件，依靠我们的视觉充当测量工具来建立配置文件，这种方法虽然成本低但结果并不可靠，因此虽然 Photoshop CS2 和之前的版本都会提供一套免费的屏幕校色软件 Adobe Gamma，但因实用性不高，从 Photoshop CS3 开始就不再提供了。

- 另一个途径就是购买专业的校准仪器来建立色彩配置文件，这种方式得到的色彩配置文件最精确，但成本也比较高。

在整个色彩管理流程中，显示器是最基本也是最重要的一道关卡，若显示器没有校准，就别奢望相片输出后能获得一致的色彩。由于显示器的校准仪器并不贵，操作上也很容易，所以如果您很重视输出色彩的一致性，不妨购买一套专业的屏幕校准仪器，定期为自己的显示器做校色。稍后我们会示范用 Datacolor 的 Spyder3 Elite 为屏幕校色并建立色彩配置文件的方法。

至于打印机和扫描仪，由于这类装置的校准仪器较昂贵，操作也很复杂，需针对各种墨水和纸材组合建立多个配置文件，所以对于一般使用者而言，使用厂商提供的通用色彩配置文件就可以了。

2 使用屏幕校色器替屏幕校色

在所有设备中，显示器因本身的特性极容易受环境的影响，最需要做色彩校正。本单元我们要来介绍，如何利用专业的屏幕校色装置 —— Datacolor 的 Spyder3 Elite，为屏幕校色并建立屏幕的配置文件。

2-1 屏幕环境的调整

工作环境会影响屏幕和打印输出设备的色彩还原，因此要做好色彩管理，必须控制好工作环境中的光线和色彩，此处我们提供了 5 项重点给大家做参考。

① 请在一致的光源角度和色温环境中查看相片。例如，光线直接照射到屏幕上时，相片的反差会降低，使黑色部位不够黑，所以请拉上窗帘或在没有窗户的房间内进行屏幕校色工作。

> **色温**
>
> 色温是表示光源光色的尺度，光越偏蓝，色温越高；越偏红，则色温越低。一般印刷设计采用 5600K 标准色光管，是国际认可的标准色温，其位于可见光谱的中间，是色彩平衡的白光，不会偏重任何颜色。
>
> 一般办公室或工厂所使用的白色日光灯管，其色温值为 7000~8500K，含蓝色的成分较重，此灯光照明下的相片会偏蓝或绿。若使用石英灯或钨丝灯，其色温为 2800~4500K，受此种光源照明的相片则会明显偏黄。

② 工作环境里的颜色可能会影响您对显示器和打印色彩的感觉，所以请尽可能使用灰色系的天花板、墙壁与地板。此外，衣服的颜色也会从显示器反射出来，而影响到您在屏幕上所看见的颜色。

③ 工作环境的光源要柔和、不刺眼，如果无法掌控室内的灯光，可在显示器上设置一个遮光罩，以免屏幕表面因反射照明光源而对查看相片造成干扰。此外，确定您的显示器已经开机超过半小时，这样屏幕的色彩显示才会比较稳定，并在相同的光源强度下查看相片。

④ 请移除屏幕桌面上的彩色背景和相片，并将屏幕的背景颜色设定为浅灰色，以避免其他颜色的干扰。

⑤ 依成品最后所在环境查看相片。例如，在办公室的日光灯下观看办公室家具目录。目前最先进的打印机会根据使用场合的光源，印出最适用的色彩。

2-2 校色前的准备工作

在使用 Spyder3 Elite 为屏幕校色前，请先确定以下事项，以利于校色顺利进行，并获得最精确的校正结果。

- 确定您的显示器已经开机超过半小时，这样屏幕显示的颜色比较稳定。

- 确定屏幕的色彩设定为显示 1600 万色或 24 位色以上，并确保没有任何光线直射在屏幕上。

- 停用屏幕保护程序和电源管理功能，以免在校色中途显示器突然变暗。

- 确认 Windows 的**启动**文件夹（可执行"**开始/程序/启动**"命令）中没有 Adobe Gamma Loader.exe 或其他的校准软件，以免双重校准反而令色彩失真。若有这类软件，请先从**启动**文件夹移除，重新开机后再进行校色。

2-3 安装校色软件并准备校色器

专业的屏幕校色器装置通常分成两个部分：校色程序 (软件) 和校色器 (硬件)，在进行校色之前，请先将校色程序安装到您的电脑中，并且根据您的显示器屏幕类型装好校色器。

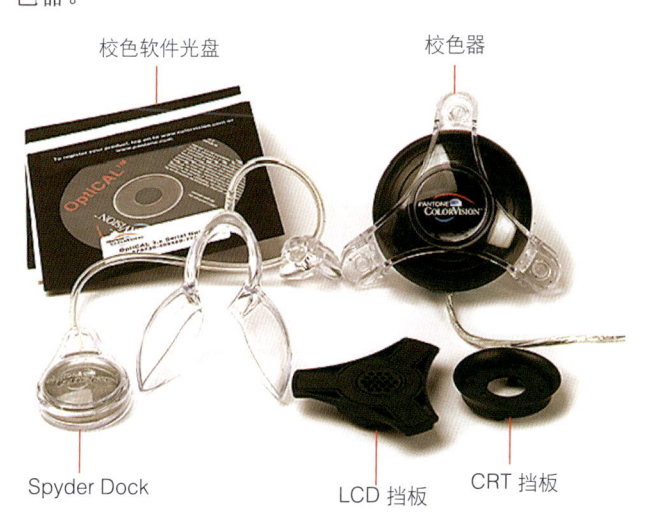

校色软件光盘　　　校色器

Spyder Dock　　LCD 挡板　　CRT 挡板

▲ Spyder3 Elite 套件

若使用LCD液晶显示器，请替校色器装上 LCD挡板和 Spyder Dock。

若使用 CRT 显示器，请替校色器装上 CRT 挡板。

2-4 进行屏幕校色

校色程序校色器都准备妥当后，接下来就开始进行校色吧！由于现在大家多用 LCD 液晶显示器，所以下面我们以 LCD 液晶显示器来示范整个校色过程。

1 首先，请将 Spyder 校色器连接到电脑上 (插入 USB 插孔)，然后再双击桌面上的 Spyder3 Elite 图标启动 OptiCAL 程序，OptiCAL 启动时会先侦测 Spyder 校色器是否已连接，否则无法执行。

2 初次启动 OptiCAL 会先出现**首选设置**对话框，让您确认感应器 (即校色器) 及校准模式等设定。请在**传感器**区选择 **Syder3 Elite**项目，其他项目无须更改，维持原来的设定即可。

3 点**确定**键关闭**首选设置**对话框后，会出现一系列对话框，需要指定显示器的类型及**曲线** (曲线就是指 Gamma 值，Mac 电脑的 Gamma 值是 1.8，Windows 电脑的 Gamma 值为 2.2) 和**白点**的目标值后，逐步点击**前进**键继续校准屏幕。

4 点击**前进**键开始屏幕校色程序。

5 待对话框出现校色完成的界面后即可取下 Spyder 校色器，然后为测得的配置文件命名，即可依序点击**结束**键完成校色程序。

完成后，您可以在窗口图片下方切换**允许\校准**选项，对照屏幕上的画面来比较校色前后的差异。

校色前　☐ 允许\校准 　　　　　　校色后　☑ 允许\校准

2-5 色彩配置文件的存放位置

当我们完成装置的校准程序后，校色程序即会自动将建立的配置文件放至正确的位置，这个位置对 Windows 系统来说，就是 Windows\system32\spool\drivers\color 文件夹。

如果想要将由别处取得的配置文件与您的设备 (如打印机) 建立关联，请进行如下操作。

1 将配置文件拷贝到桌面上，然后在配置文件图标上点击右键执行**"安装配置文件"**命令，Windows 便会将配置文件拷贝到 Windows\system32\spool\drivers\color 文件夹中，当然您也可以自己动手将配置文件放到该文件夹。

此处以 EPSON1390 型号的打印机配置文件为例

2 在**控制面板\硬件和音效**界面按下**颜色管理**连接，打开如下的**颜色管理**窗口，您可在此窗口的**设备**界面变更及查看电脑上各设备的配置文件。

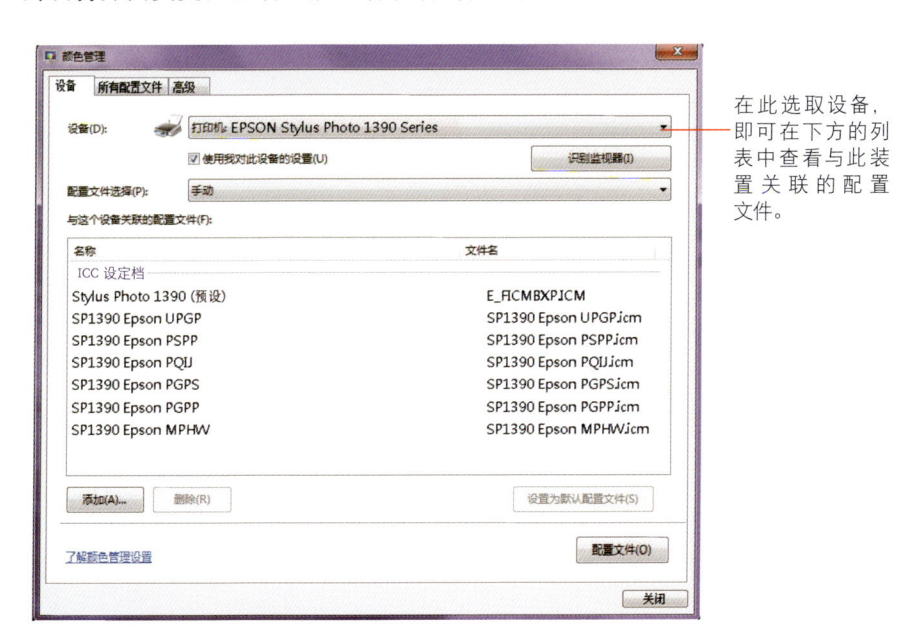

在此选取设备，即可在下方的列表中查看与此装置关联的配置文件。

3 Photoshop的色彩管理功能

几乎所有要输出的相片都会经过 Photoshop 编辑与处理，而 Adobe 身为 ICC 的成员，在色彩管理上也提供了相当完善的功能。这一章我们将介绍 Photoshop 内置的色彩管理设置和色彩管理方案。

Photoshop 的色彩管理控制集中在**颜色设置**对话框，在此对话框中我们可设定编辑 RGB 相片及转换 CMYK 相片所要使用的色域，还有所要采取的色彩管理方案。请执行"**编辑/颜色设置**"命令，即可进行色彩管理的相关设定。

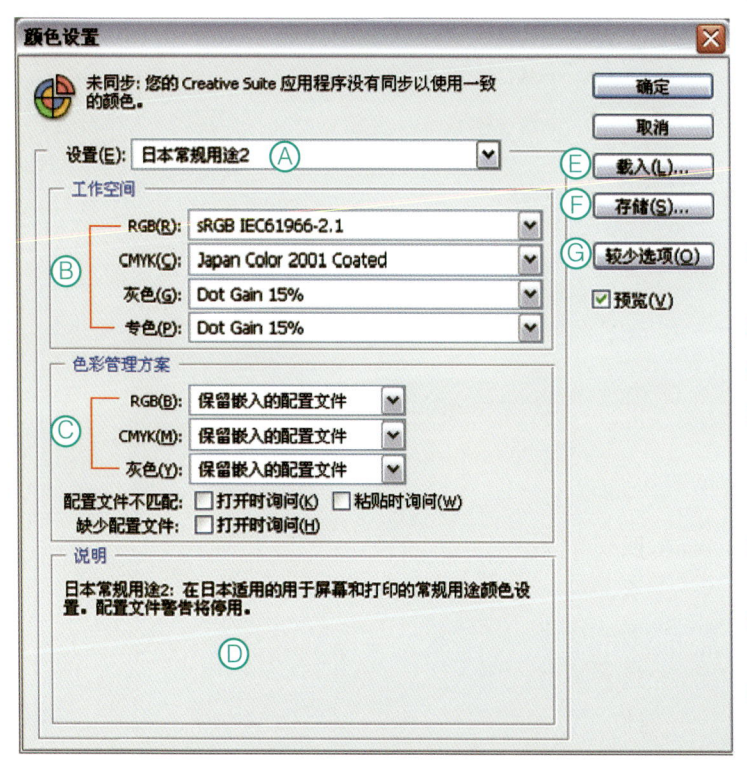

A 在此可选择内置的色彩管理设定

B 设定使用中色域

C 设定色彩管理方案

D 当光标移动到上方各选项时，会显示与之相关的设置说明

E 可载入其他的颜色设置

F 可存储更改后的颜色设置

G 点击此键会打开进阶模式设定

这个对话框看似复杂，其实如果您只是编修相片，那只有**工作空间**的 **RGB** 这一项是重要的；而如果要送去印刷输出，则**工作空间**的 **CMYK** 也要好好设定；如果进行黑白印刷，则**灰色**项目就要用到；如果采用特别色，就要设定**专色**项目的值。

3-1 使用内置的色彩管理设定

在**颜色设置**对话框最上面的**设置**列表中会列出 Photoshop 内置的色彩管理设定，选取其中一个项目，Photoshop 即会自动设定好下面的**工作空间**及**色彩管理方案**。例如，选择**日本常规用途2**，这是日本地区处理供显示器查看及一般印刷用的相片所惯用的颜色设置，此项目会将使用中的 RGB 色域设成 sRGB，表示在 Photoshop 中编辑 RGB 相片时将使用 sRGB 色域；使用中的 CMYK 色域则会设成 Japan Color 2001 Coated，当您将相片转换成 CMYK 模式时便会使用这个色域。

- Ⓐ 符合日本地区一般报纸印刷环境的色彩管理
- Ⓑ 适用于北美地区
- Ⓒ 使用日本地区一般印刷输出规格的色彩管理
- Ⓓ 提供日本地区用于显示器查看与一般印刷使用的颜色设定
- Ⓔ 针对网页相片的色彩加以管理，用于非印刷用途
- Ⓕ 提供日本地区杂志出版协会的色彩标准给杂志广告业使用
- Ⓖ 模拟视频应用程序的色彩需求，供视频与电脑简报使用

设置(E)：日本常规用途2

自定

其他

- Ⓐ 日本报纸颜色
- 北美常规用途2
- Ⓑ 北美印前2
- 北美web/Internet
- Ⓒ 日本印前2
- Ⓓ 日本常规用途2
- Ⓔ 日本web/Internet
- Ⓕ 日本杂志广告颜色
- Ⓖ 显示器颜色

一般来说，我们只要依照所在地区和相片用途，即知道要选择哪一组设定，如果其中没有适合的项目可选，怎么办呢？如果您的相片不会送到印刷厂印刷，那这些都和您没关系，您只要随便选一个预设项目，然后确定其设定的使用中 RGB 色域与您需要的相符即可。如果您的作品要送去印刷，我们的做法是询问合作的印刷厂或输出中心，看他们建议使用哪一组；若他们没有建议任何一组内置的设定，则要问清楚要用哪一个 CMYK 色域，然后在**设置**列表选择**自定**，再到**工作空间**的 **CMYK** 列表中指定该印刷厂建议的色域。

3-2 设置工作空间

当您在**设置**列表选择**自定**，那就要自行对**工作空间**及**色彩管理方案**个别来做设定。**工作空间**区可让您指定 Photoshop 预设的 **RGB** 及 **CMYK** 色域；当新建文档时，就会使用此预设色域。

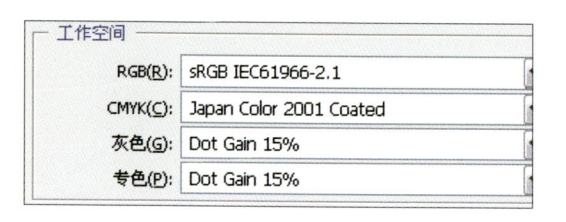

如果您的相片多数用于网页或显示器上观看，那么请由 **RGB (R)** 列表选择一般屏幕的标准色域，即 **sRGB** 色域。如果您的相片主要是做高品质输出用途，则应该使用 **Adobe RGB** 色域，因为 Adobe RGB 色域比 sRGB 色域广，可以涵盖绝大部分的打印色彩。

相片若要印刷输出，必须转换成 CMYK 模式，Photoshop 的"CMYK 工作空间"即是相片转换 CMYK 模式所依据的色域。若要求相片输出后色彩和显示器所看到的一致，"CMYK 工作空间"是关键，但目前国内的印刷业尚未有一套惯用的色彩管理规范，所以对于应该设定哪一个 CMYK 色域并没有定论。

CMYK 色域与国内的印刷环境

① 把这个配置文件拷贝到电脑桌面上，在图标上点击鼠标右键执行"**安装设定档**"命令，之后再打开 Photoshop，您就可以在**颜色设置**对话框**工作空间**的 **CMYK** 列表中看到这个 CMYK 配置文件，请选择它作为使用中 CMYK 色域。

② 执行"**图像/模式/CMYK 颜色**"命令，将相片转换到印刷厂提供的 CMYK 色域。

③ 要求制版厂使用您相片所附的配置文件来输出胶片。

但若偶遇到无法提供配置文件的印刷厂，则请将**颜色设置**的使用中 CMYK 色域设为日本或欧洲（依印刷厂所用的油墨而定），然后用自己的打印机打印样张（参考本书第 3 章第 17 单元），再要求印刷厂印出和样张一样的颜色。若印刷厂说："喷墨打印机的色域比印刷机广。"请告诉他："这是以四色印刷机的色域来模拟的打样，不会超出印刷机的色域。"

设定好使用中色域之后，每次新建文件 Photoshop 就会以此作为预设色域。而如果是打开旧文件，可能就会遇到 3 种情形。

① 相片所用的色域和 Photoshop 预设的使用中色域相同，那就一切完美，Photoshop 会直接把相片打开，什么也不会问。

② 该相片的色域和 Photoshop 的使用中色域不同。

③ 该相片根本就没有配置文件，因此也就不知道它所用的色域。

对于 ② 或 ③ 的情况，我们要怎么办呢？

设定色彩管理方案

"色彩管理方案"这个词看起来很有学问，很吓人！其实不用怕，**色彩管理方案**是让您设定当打开一个未指定色域的相片或相片的色域与 Photoshop 的使用中色域不同时，所要做的处置。一共有 3 种方式可供选择。

- **关**：选择关，表示直接打开相片，不要对打开的相片做色彩管理。

- **保留嵌入的配置文件**：选此项表示要沿用该相片的原来色域。假设某张相片是由别人拍摄或编修，而原作者所嵌入的配置文件跟 Photoshop 目前使用的不一样，则在打开时为了维持原相片的色彩，建议您选择此项，以免更改作品的色彩呈现。

- **转换为工作中的 RGB**：打开相片时，将相片的色域转换成 Photoshop 目前预设的色域。

至于此区下面的 3 个选项，可用来设定当相片没有配置文件或色域不符时，是否要询问您处置方式，还是直接依上面指定的策略行事。

- **配置文件不符——打开时询问**：当相片色域和使用中色域不同时，勾选**打开时询问**，就会出现右图让您选择 3 种处理方式。

- **配置文件不符——粘贴时询问**：勾选此项，当您在不同色域的相片之间执行拷贝或粘贴操作时，便会出现右图询问您要不要转换色域。

- **找不到配置文件——打开时询问**：勾选此项时，当打开的相片没有配置文件，就会出现右图的对话框让您选择要保持原貌，还是指定一个色域给它。通常建议指定为 Photoshop 目前设定的色域。

数码照片后期加工大原则

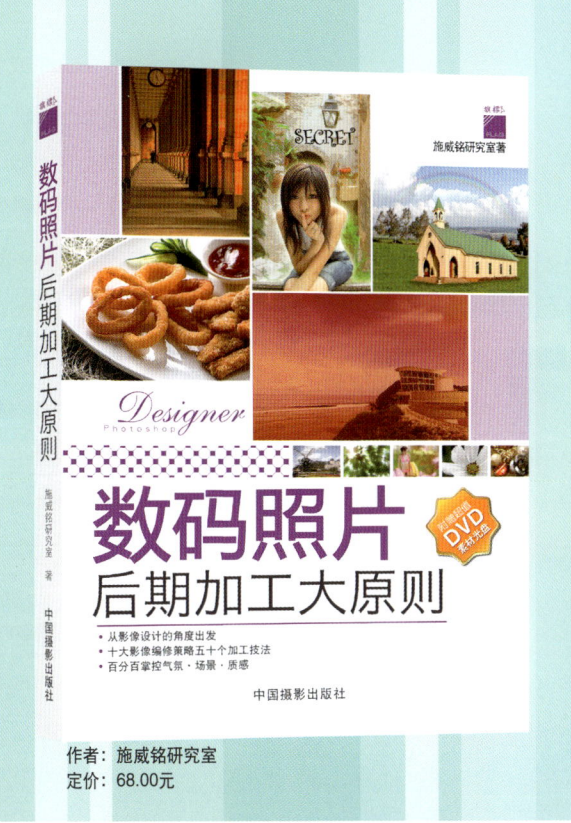

作者：施威铭研究室
定价：68.00元

相片编修十大要点

解说十大影像编修策略，让你立即掌握用 Photoshop 修饰、加工影像最关键的十大技法，让后续的编修、加工更容易上手。

人像修饰、美化、加工不露痕迹

生动的人像永远是照片中的焦点！不尽完美的瑕疵，我们教你修掉，若想更有味道，数码彩妆、整型、变发型也都有详尽的解说。

料理·商品·静物影像质感

以料理、饰品、科技产品等常见的静物照为例，教你通过编修技巧，提升成为完美的商品照。想要去除反光、加雾气、变新颖、仿陈旧……也都没问题。

风景·建筑的光影、气氛、背景加工

即使是平淡的风景、建筑照片，在巧妙的编修下，也能展现迷人的光影、诡谲的气氛，甚至连季节也都能逼真地模拟出来。

特效制作实例演练

"合成"是追求理想或特殊画面时不可或缺的技术。本书示范13个精彩的合成特效实例，让你也练就超厉害的合成精技！

精彩专栏

穿插3个专栏：包括"色彩管理与Photoshop颜色设定"、"编修高品质Raw文件"及"打造韩流整型美女"，为你的技能加分。

Spyder
CHECKR™

蜘蛛效果

当色彩并不真确时

SpyderCheckr™ 让您看到真实的色彩

白色可能很白,蓝色可能很真实,但是并非所有颜色都能够完全真实可靠地显示。在您的工作流程要获得最准确的颜色,从拍摄一刻开始便要捕捉到准确的灰阶、颜色和白平衡。

SpyderCheckr™ 用法简单,内含48块经过特别安排的测试颜色目标。折合式设计除色标外另设有灰度目标、三脚架承接孔和褪色监测警示系统。内附简单易用的 SpyderCheckr™ 软件。配合 SpyderCube™ 一同使用更加如虎添翼。

SHRIRO

北京:☏ +010 8580 1927
上海:☏ +021 6418 9688
广州:☏ +020 8384 8300
香港:☏ +852 2524 5031
✉ marketing@shriro.com.hk

datacolor

www.datacolor.com/truth

蜘蛛效果

Spyder3 STUDIO SR
套装蜘蛛

真实色彩重现唯有"蜘蛛"

要获得最准确的颜色，从拍摄一刻开始便要捕捉到准确的灰阶、颜色和白平衡。然而，您是否真的看到所拍摄的色彩？校正显示屏的色彩能让您看到真实的色彩，让影像细节真正重现眼前。最后，打印出来的效果，是否与显示屏一致？校正了的打印机能为您节省时间和资源，让您的工作流程更加快捷顺畅。

Spyder 3 Studio SR™ 真正包含了所需的工具，是专业用户必备的工具。您的工作流程从未如此轻松简单。

SHRIRO

北京：📞 +010 8580 1927
上海：📞 +021 6418 9688
广州：📞 +020 8384 8300
香港：📞 +852 2524 5031
✉ marketing@shriro.com.hk

datacolor

www.datacolor.com/truth

图书在版编目（CIP）数据

相片编修极意 / 施威铭研究室著. —北京：中国摄影出版社，2011.5
ISBN 978-7-80236-566-7

Ⅰ．①相… Ⅱ．①施… Ⅲ．①相片修整 Ⅳ．①TB885

中国版本图书馆CIP数据核字（2011）第084985号

本书中文简体版于2009年经旗标出版股份有限公司授权，由中国摄影出版社独家出版发行。本书内容未经出版者书面许可，不得以任何方式或手段复制、转载或刊登。

北京市版权局著作权合同登记章：图字01-2011-2617

策　　划：盛益文化
责任编辑：常爱平
执行编辑：陈　馨　高鸿雁
设　　计：北京水长流文化发展有限公司

书　　名：相片编修极意
作　　者：[台]施威铭研究室
出　　版：中国摄影出版社
　　　　　地址：北京东城区东四十二条48号　邮编：100007
　　　　　发行部：010-65136125　65280977
　　　　　网址：www.cpphbook.com
　　　　　邮箱：office@cpphbook.com
印　　刷：北京瑞禾彩色印刷有限公司
开　　本：710mm×960mm　1/16
印　　张：18.5
版　　次：2011年5月第1版
印　　次：2011年5月第1次印刷
印　　数：1—5000册
ISBN 978-7-80236-566-7
定　　价：69.00元

版权所有　侵权必究